LA
SCIENCE ABSOLUE DE L'ESPACE

indépendante de la vérité ou de la fausseté de l'Axiôme XI d'Euclide

(que l'on ne pourra jamais établir *a priori*);

SUIVIE DE LA QUADRATURE GÉOMÉTRIQUE DU CERCLE, DANS LE CAS DE LA FAUSSETÉ

DE L'AXIÔME XI,

PAR JEAN BOLYAI,

Capitaine au Corps du Génie dans l'armée autrichienne;

PRÉCÉDÉ D'UNE

NOTICE SUR LA VIE ET LES TRAVAUX DE W. ET DE J. BOLYAI,

PAR M. Fr. SCHMIDT

Architecte à Temesvár.

PARIS

GAUTHIER-VILLARS

IMPRIMEUR-LIBRAIRE DE L'ÉCOLE IMPÉRIALE POLYTECHNIQUE, DU BUREAU

DES LONGITUDES, SUCCESSEUR DE MALLET-BACHELIER,

Quai des Augustins, 55.

1868

LA

SCIENCE ABSOLUE DE L'ESPACE

PAR J. BOLYAI

PRÉCÉDÉ D'UNE

NOTICE SUR LA VIE ET LES TRAVAUX DE W. ET DE J. BOLYAI.

LA

SCIENCE ABSOLUE DE L'ESPACE

indépendante de la vérité ou de la fausseté de l'Axiôme XI d'Euclide

(que l'on ne pourra jamais établir *a priori*);

SUIVIE DE LA QUADRATURE GÉOMÉTRIQUE DU CERCLE, DANS LE CAS DE LA FAUSSETÉ
DE L'AXIÔME XI,

PAR JEAN BOLYAI,

Capitaine au Corps du Génie dans l'armée autrichienne;

PRÉCÉDÉ D'UNE

NOTICE SUR LA VIE ET LES TRAVAUX DE W. ET DE J. BOLYAI,

PAR M. Fr. SCHMIDT.

PARIS

GAUTHIER-VILLARS

IMPRIMEUR-LIBRAIRE DE L'ÉCOLE IMPÉRIALE POLYTECHNIQUE, DU BUREAU
DES LONGITUDES, SUCCESSEUR DE MALLET-BACHELIER,
Quai des Augustins, 55.

1868

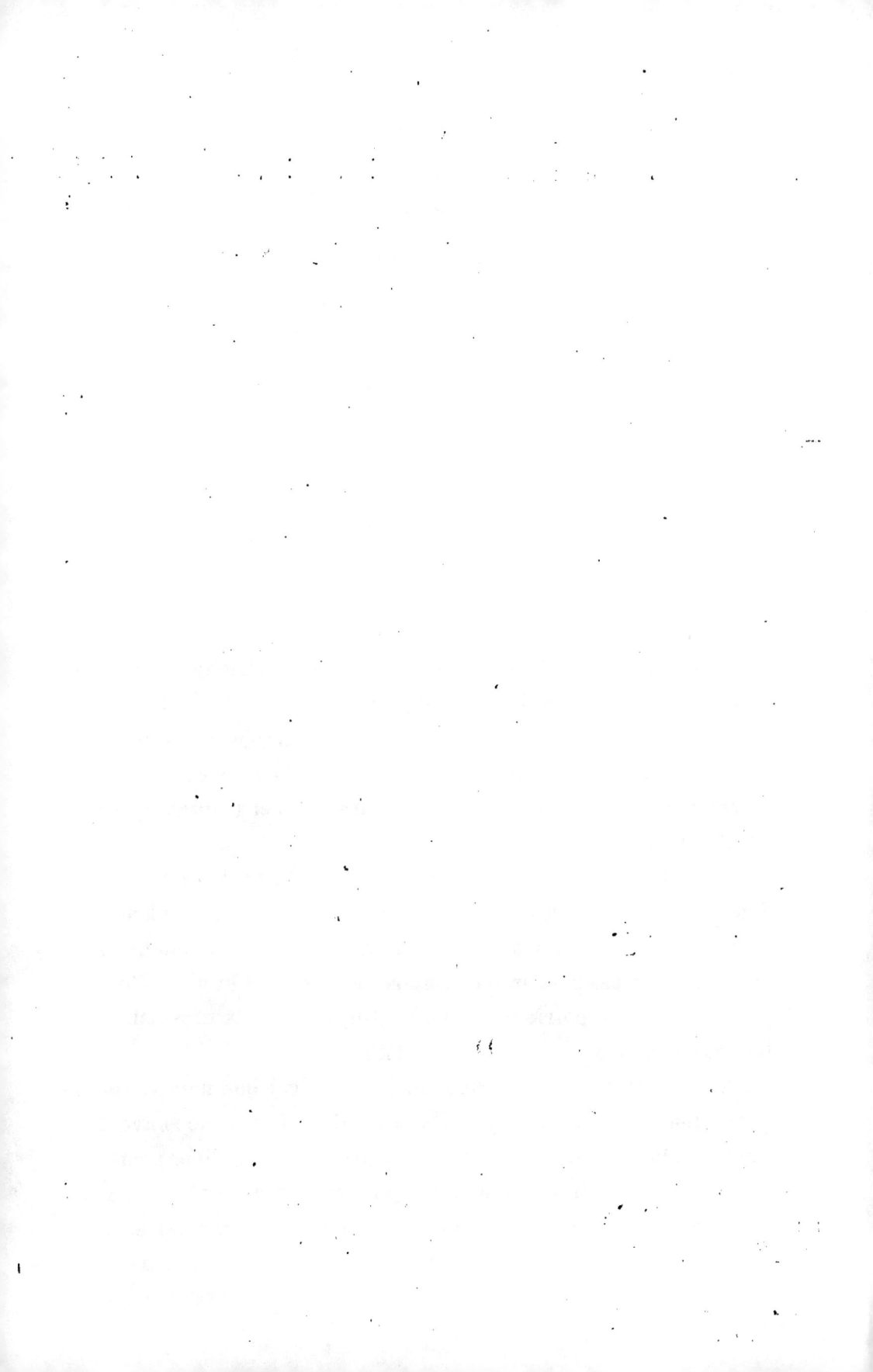

LA

SCIENCE ABSOLUE DE L'ESPACE

PAR J. BOLYAI

PRÉCÉDÉ D'UNE

NOTICE SUR LA VIE ET LES TRAVAUX DE W. ET DE J. BOLYAI

PAR M. Fr. SCHMIDT

NOTE DU TRADUCTEUR.

Depuis que la publication de la Correspondance de Gauss avec Schumacher a exhumé les idées du grand géomètre sur la théorie des parallèles, le nom de Bolyai est devenu inséparable de ces profondes découvertes. C'était donc un devoir pour la science européenne d'arracher à un injuste oubli la mémoire des deux hommes qui ont illustré ce nom.

L'auteur de la Notice dont nous publions la traduction, M. Fr. Schmidt, s'est consacré à cette œuvre de réparation avec un dévouement infatigable, que n'ont rebuté ni la lenteur des communications entre les diverses parties de l'empire hongrois, ni la difficulté de se procurer, dans la patrie même de Bolyai, les détails nécessaires sur les deux hommes qui l'ont rendue célèbre.

C'est encore au savant architecte de Temesvár que nous devons la possession du rarissime opuscule de J. Bolyai, que nous avons reproduit à la suite de la Notice sur l'auteur, certain qu'il ne manquera pas d'exciter l'intérêt de tous ceux qui aiment vraiment la science.

Par cette publication, la Société des Sciences physiques et naturelles continue l'œuvre qu'elle a commencée en insérant dans son précédent volume les recherches de Lobatschewsky sur le même sujet.

Puisse cet hommage rendu au géomètre hongrois décider ses compatriotes à tirer de ses papiers, déposés au Collége de Maros Vásárhely, les remarquables travaux qu'ils doivent renfermer, et dont nous ne connaissons encore que les titres !

J. H.

NOTICE SUR LA VIE ET LES TRAVAUX

DES DEUX MATHÉMATICIENS HONGROIS

WOLFGANG ET JOHANN BOLYAI DE BOLYA

PAR M. FRANZ SCHMIDT,

ARCHITECTE A TEMESVÁR.

———

L'esquisse biographique que je vais tracer est encore fort incomplète; mais comme il n'y a guère lieu de s'attendre à voir paraître prochainement une histoire détaillée des deux hommes éminents auxquels sont consacrées ces pages, je me suis décidé à publier les documents que j'ai pu rassembler, d'après les renseignements imprimés, oraux ou manuscrits que j'ai pu me procurer, dans l'espoir que les personnes qui sont à même de fournir des informations plus nombreuses ou plus précises seront engagées par cet essai à les livrer bientôt à la publicité.

Ces deux hommes, le père et le fils, après avoir consacré leur puissante intelligence à une science bien peu cultivée dans leur patrie, vivant à l'extrémité de la Transylvanie, dans une contrée magnifique, mais où le commerce des livres n'a point encore pénétré, se sont trouvés hors d'état de propager et de faire apprécier leurs découvertes, qui maintenant, longtemps après leur mort, attirent de plus en plus l'attention des hommes de science chez toutes les nations cultivées de l'Europe. Les noms de Gauss, de Gerling, de Baltzer, de Grunert en Allemagne, de Hoüel, de Battaglini, de Forti en France et en Italie, sont garants que les travaux des Bolyai ne tomberont pas dans l'oubli; et, j'en ai la conviction, la prédiction de Baltzer, que le nom de Bolyai sera un jour prononcé avec respect, est déjà accomplie.

I.

Wolfgang Bolyai de Bolya (en hongrois, *Bolyai Farkas*) (¹)
naquit le 9 février 1775 à Bolya, dans la partie de la Transylvanie
dite le Pays des Sicules *(Székelyföld)*. Dès sa jeunesse, ayant
longtemps souffert d'une maladie des yeux, il donna des preuves
d'une mémoire extraordinaire, en récitant sans faute des pages
entières après une seule lecture. Il fit ses premières études à
Enyed, et plus tard, à Klausenburg. Pour compléter son instruction,
il partit pour l'Allemagne avec un fils du baron Simon Kemény,
se rendit en 1797, d'abord à Iéna, puis à Gœttingue, où Bolyai se
consacra aux sciences philosophico-mathématiques. Malheureusement, les deux amis étaient encore si peu versés dans la science de
l'économie domestique, que, Kemény étant allé chercher dans son
pays de nouveaux moyens de subsistance, le pauvre Bolyai dut
rester pour gage, en attendant son retour.

Bolyai fit à Gœttingue la connaissance de Gauss, et se lia avec
lui d'une amitié qui dura toute la vie de ces deux hommes, et qui
fut la consolation des mauvais jours de privations et d'amertumes,
au milieu desquels s'écoula la longue existence du savant hongrois.
Les lettres de Gauss à son ami ont été envoyées par celui-ci, en
1855, au professeur Sartorius von Waltershausen, qui travaillait
alors à sa Biographie de Gauss (²). Il est bien à souhaiter que cette
correspondance si intéressante soit bientôt publiée.

Cette liaison avec Gauss ne contribua pas peu aux progrès de
Bolyai dans les mathématiques. Gauss avait une haute estime pour
la science de Bolyai, et fondait sur lui de grandes espérances.

Bolyai, dit Sartorius von Waltershausen (³), est un esprit hors
ligne, dont Gauss a dit, il y a longtemps, que c'était le seul homme
qui eût complètement saisi ses vues métaphysiques sur les Mathématiques. D'après les quelques pages que nous avons de lui, c'est un
penseur profond, un beau caractère ; son expression originale rappelle

---

(¹) Wurzbach, Biographisches Lexikon, 2ᵉ partie. Vienne, 1857.
(²) Nous devons ce renseignement au professeur Szabó, de Maros Vásárhely.
(Note du Trad.)
(³) *Gauss zum Gedächtniss*, Leipzig, 1856, p. 17,

souvent le style de Jean Paul. Confiné dans un coin écarté de la terre, isolé de toute âme à la hauteur de la sienne ; naguère encore (1849), dans ses vieux jours, au milieu du tumulte d'une révolution dévastatrice, entouré du carnage et des horreurs de la guerre civile, réduit à quelques débris de sa modeste fortune, mais fort du noble calme d'une conscience pure, il jette, au delà du spectacle déchirant des souffrances que s'impose la folie humaine, un regard d'espoir sur les vagues de l'éternité ; il se plaint seulement de n'avoir jamais eu le bonheur de pouvoir se frayer à lui-même son chemin, tout ayant presque toujours tourné contre lui. « Cependant, » dit-il dans une lettre, « je me croirai les mêmes droits qu'à mes pareils, les autres » vermisseaux, jusqu'à ce que bientôt, réconcilié avec mon sort, » j'aille trouver le repos dans une tombe ignorée. »

Benzenberg aussi, dans une lettre écrite à Gauss, en 1801, exprime son opinion sur Bolyai, en disant que c'est un des hommes les plus extraordinaires qu'il ait jamais rencontrés.

Un des jeunes amis de Gauss, Ide, de Brunswick, écrivait à ce dernier, le 23 mai 1799 : « Bolyai assistera sûrement à la fête du tir qui aura bientôt lieu ici, mais seulement en philosophe, pour y trouver matière à réflexions sur les folies humaines. C'est là sa maxime, comme je l'ai reconnu dans mainte occasion. Il ne manque pas à une seule de ces assemblées mondaines, non certes pour s'amuser avec les autres, mais pour y raffermir la sérénité de son âme. »

Après la mort de Gauss (1855), le roi de Hanovre fit envoyer à Bolyai la grande médaille d'argent et de bronze, frappée à la mémoire de l'illustre géomètre. Les savants de Gœttingue restèrent jusqu'à la fin en correspondance suivie avec Bolyai, et le tinrent au courant de tout ce qui s'était produit dans le monde scientifique depuis la mort de son ami.

II.

De retour dans son pays, en 1802, Bolyai fut nommé professeur de mathématiques, de physique et de chimie au Collége Réformé de Maros-Vásárhely. Dans cette chaire, qu'il a occupée pendant près d'un demi-siècle, il a eu pour élèves la plupart des professeurs actuels de la Transylvanie, et une grande partie de la noblesse du pays.

Outre les devoirs de sa place, qu'il a toujours remplis avec une conscience scrupuleuse et un zèle soutenu, Bolyai, dans les premières années de son professorat, s'occupa aussi de poésie. Il a laissé cinq tragédies en prose, imprimées en langue hongroise, sans nom d'auteur, en 1817, et dont voici les titres : 1° *Pausanias;* 2° *Mahomet;* 3° *Simon Kemény;* 4° *le Triomphe de la Vertu sur l'Amour;* 5° *la Victoire de l'Amour sur la Vertu.* Les premières de ces pièces ont, à ce qu'il paraît, un vrai mérite poétique. Plus tard (1818) parut *le Procès de Paris,* drame en cinq actes. En 1819, il traduisit en hongrois l'*Essay on Man,* de Pope, et le publia précédé de la traduction d'un choix de poésies anglaises et allemandes. La tournure poétique de son esprit et la vivacité extraordinaire de son imagination se montrent de la manière la plus frappante jusque dans ses ouvrages mathématiques.

Dans la suite, son ardeur créatrice se tourna vers la musique, et le violon, son instrument favori, l'aida à exprimer en mélodies ses sentiments et ses pensées. Rien de tout cela ne lui fit négliger la science, et l'activité de sa plume se consacra presque entièrement aux études mathématiques. Les ouvrages de Bolyai ont paru successivement dans l'ordre suivant, tous sans nom d'auteur :

(**a**) *Az arithmetica eleje (z elő-szóban irt módon)* B. B. F. *Mathesist és Physicát tani . . . által. Maros-Vásárhelyt , 1830. Nyomtatott a reformat Kollégyom betűivel Felső Visti Kali Josef által.* « Éléments d'Arithmétique (d'après les principes indiqués » dans la Préface), par le Professeur de Mathématiques et de Phy- » sique. Maros-Vásárhely, 1830. Imprimé avec les caractères du » Collége Réformé, par Joseph Kali de Felső Vist. » In-8°, avec une préface de XVIII pages, 1 page d'*errata,* 162 pages de texte, et un tableau représentant l'Arbre de la Science. — Cet ouvrage est complètement épuisé. L'exemplaire de la bibliothèque du Collége Réformé est enrichi de remarques de Johann Bolyai. Ce Traité de Mathématiques, qui devait se composer de cinq parties, a été, comme la plupart des livres de Bolyai, publié par voie de souscription; mais, comme cela arrive d'ordinaire, les souscripteurs avaient plus promis que tenu. Voici le contenu du premier volume :

Introduction, explication des signes, égalité, parties, nombre, espace. Division de l'Arithmétique en *pure* et *appliquée.* Addition, soustraction. Définition du positif et du négatif, avec de nombreux exemples et des représentations graphiques. Limites. Fractions. Multiplication et division ; proportions géométriques. Puissances, racines, logarithmes. Introduction au Calcul différentiel, au Calcul intégral et au Calcul de variations, avec des notations particulières à l'auteur, telles que

$$\sin x = \textcircled{S}x, \qquad \cos x = \textcircled{S}\,x\,, \qquad \tang x = \textcircled{t}\,x\,,$$

$$\sin \text{verse}\,x = \textcircled{$\sim$}x, \ \cos \text{verse}\,x = \textcircled{$\sim$}x\,, \ \cotang x = \textcircled{T}\,x\,,$$

$$\sec x = \textcircled{S}\,x\,, \quad \cosec\,x = \textcircled{S}\,x\,, \quad \arc\sin x = \textcircled{a\,S}x\,,$$

$$\log \text{vulg}\,x = \textcircled{l}\,x\,, \quad \log \text{nat}\,x = \textcircled{L}x\,, \quad f(x) = \textcircled{|}\,x\,,$$

$$d_n f(x,y,\ldots) = {}^n\!\textcircled{|}\,xy\ldots, \quad \frac{d^n f(x)}{dx^n} = \overset{n}{\textcircled{|}}\,x\,, \quad \sqrt{-1} = \overset{!}{.}\,.$$

Les souscripteurs n'ayant pas rempli leurs engagements, les quatre parties de l'ouvrage qui restaient à publier n'ont pu, malheureusement, paraître.

(**b**) *Tentamen juventutem studiosam in elementa matheseos puræ, elementaris ac sublimioris, methodo intuitiva, evidentiaque huic propria, introducendi. Cum Appendice triplici. Auciore Professore Matheseos et Physices Chemiæque publico ordinario. Tomus primus. Maros-Vásárhelyini, 1832. Typis Collegii Reformatorum, per Josephum et Simeonem Kali de Felső Vist.* — In-8, 4 planches en taille-douce.

(**c**) *Tentamen juventutem,* etc. *Tomus secundus. Ibidem,* 1833. In-8, 10 planches.

Ces deux volumes (**b**) et (**c**) ont été encore publiés par souscription. Ils forment l'œuvre principale de W. Bolyai, à laquelle l'auteur renvoie constamment dans ses écrits postérieurs. Le PREMIER VOLUME contient :

Préface de deux pages : *Lectori salutem.* Un tableau in-folio (*Explicatio Signorum. Arbor arithmeticæ geometricæque corradicata coronisque confluentibus. Ordo quo geometria tractabitur primo in plano; secundo, redeundo e plano in abyssum spatii*). *Index rerum* (I-XXXII). *Errata* (XXXIII-LXXIV). *Errores recentius detecti* (LXXV-XCVIII). Vient ensuite le texte (p. 1-502), Puis, avec une pagination spéciale et un faux-titre, l'Appendice composé par

Johann Bolyai, fils de Wolfgang : APPENDIX *scientiam spatii absolute veram exhibens : a veritate aut falsitate Axiomatis XI Euclidei (a priori haud unquam decidenda) independentem; adjecta, ad casum falsitatis, quadratura circuli geometrica. Auctore* JOANNE BOLYAI *de eadem, Geometrarum in Exercitu Cæsareo Regio Austriaco Castrensium Capitaneo.* 26 pages de texte, 2 pages d'*errata*. — Enfin (pages i-xvi), en langue hongroise, les noms des souscripteurs, la nomenclature mathématique, et des additions à ce volume, par W. Bolyai. Des quatre planches de figures, les trois premières se rapportent au corps du texte, la dernière à l'*Appendix*.

Voici un aperçu des matières traitées dans ce premier volume : Division de l'ensemble des sciences. Introduction. — *(Radix)*. Coup d'œil général sur l'arithmétique. Axiomes. Addition, soustraction, grandeurs incommensurables, limites, quantités variables, fractions, multiplication, division, proportions géométriques, règle des signes dans la multiplication et la division; interversion des facteurs, multiplication des facteurs égaux, formation des puissances, racines, logarithmes. — *(Truncus)*. Représentation des grandeurs par des temps. Addition, soustraction, multiplication, division, fractions, proportions, limites, puissances, racines, logarithmes, quantités imaginaires (traitées avec beaucoup de développement). Théorème du binôme; séries logarithmiques, leur convergence ; module des logarithmes, logarithmes imaginaires.— *(Corona)* (p. 178-442). Fonctions, leur formation; différentielle d'une fonction d'une seule variable. Éléments du calcul intégral. Différentielles partielles. Exemples tirés de la géométrie et de la mécanique. Différentielle d'une série convergente. $\frac{0}{0}$, . Quadrature des sections coniques. Rectification. Exemples tirés de la Dynamique. Cubature des corps. Différentielles des fonctions trigonométriques et circulaires. Tangentes, longueur d'un arc de courbe, sous-tangentes, normales, sous-normales, $\frac{\infty}{\infty}$. Théorème de Taylor, avec la détermination du reste; développements de $(1 + x)^e$, $(1 + z)^{-1}$. Théorème de Taylor pour le cas de plusieurs variables. Maxima et minima; applications géométriques. Éléments du calcul des variations. — *(Rami coronæ arboris)*. Théorie des équations. Équation $x^{17} - 1 = 0$, sa construction géométrique. Transformation des équations. Résolution des équations numériques (d'après Newton et Lagrange). Méthode d'élimination de Bézout. Équations indéterminées. Fractions continues ; leurs applications aux équations. Démonstration de Gauss que toute équation a une racine (¹).

Depuis la page 444 jusqu'à la fin : Coup d'œil général sur la géométrie (²). — Vient ensuite l'*Appendix* de Joh. Bolyai, à l'impression duquel ce dernier a contribué lui-même pour 104 florins 54 kreuzers (³). Ce Mémoire contient une exposition nouvelle et rationnelle de la Théorie des parallèles, qui se rencontre pour les résultats avec les travaux similaires faits à Kasan, vers la même époque, par Lobatschewsky (⁴), sans qu'aucun des deux géomètres eût connaissance des découvertes de l'autre. Gauss s'était aussi occupé de cet objet dans sa jeunesse, et depuis encore (⁵), mais il n'a jamais rien publié de ses recherches. Nous savons seulement qu'elles

---

(¹) *Primitiæ messis ditissimæ — quasi stella venientis solis nuncia — veteranum juvenis opus — adinstar Herculis dum serpentem infans disrupit.* (Page 425.)

(²) Cette partie traite, entre autres choses, de la définition du plan et de la ligne droite, à un point de vue analogue à celui qu'il a développé plus tard dans l'ouvrage (ʰ), quoiqu'en partant d'un principe un peu différent. Il s'occupe ensuite de la théorie des parallèles, et, à propos des divers systèmes qui sont possibles lorsqu'on n'admet pas l'axiome XI d'Euclide, il ajoute : « *Appendicis Auctor, rem acumine singulari aggressus, Geometriam pro omni casu absolute veram posuit, quamvis e magna mole, tantum summe necessaria, in Appendice hujus tomi exhibuerit, multis (ut tetraedri resolutione generali, pluribusque aliis disquisitionibus elegantibus) brevitatis studio omissis.* Il dit plus loin : *Nihilominus tamen quæstio suboritur : quid si novum axioma detur, per quod determinetur u* (ce que Lobatschewsky nomme l'ANGLE DE PARALLÉLISME)? *Tentamina idcirco, quæ olim feceram, breviter exponenda veniunt, ne saltem alius quis operam eamdem perdat.*

W. Bolyai parle en plusieurs endroits avec une sincère admiration du beau travail de son fils. Ainsi, il dit :

(T. I, p. 502). *Nec operæ pretium est plura referre ; quum res tota ex altiori contemplationis puncto, in ima penetranti oculo, tractetur in Appendice sequente, a quovis fideli veritatis puræ alumno digna legi.*

(T. II, p. 380). *Denique aliquid Auctori Appendicis... addere fas sit : qu tamen ignoscat, si quid non acu ejus teligerim.*

(³) *Tentamen* (T. II, p. 384),

(⁴) Lobatscheswky, *Geometrische Untersuchungen*, Berlin, 1840. (Voy. *Mém. de la Soc. des Sc. phys. et nat.*, T. IV, 1ᵉʳ cah., p. 87.)

(⁵) *Corresp. de Gauss et de Schumacher*, T. II, p. 261. (*Mém. de la Soc. de Sc. phys. et nat.*, T. IV, 1ᵉʳ cah., p. 123.)

étaient en complet accord avec celles de nos deux auteurs. Il ne
s'en est pas moins écoulé près de quarante années avant que ces
vues profondes fussent arrachées à l'oubli, et le Dr R. Baltzer,
de Dresde, s'est acquis des titres impérissables à la reconnaissance
de tous les amis de la science, en attirant, le premier, leur attention sur les travaux de Bolyai, dans la seconde édition de ses
excellents *Éléments de Mathématiques* (Dresde, 1866-67). Suivant
les traces de Baltzer, le professeur Hoüel, de Bordeaux, dans une
récente brochure intitulée : *Essai critique sur les principes fon-
damentaux de la Géométrie élémentaire,* a donné des extraits du
livre de Bolyai, qui contribueront certainement à faire rendre à ces
idées nouvelles la justice qu'elles méritent. Ces extraits seront
d'autant mieux accueillis que les ouvrages de Bolyai sont maintenant complètement épuisés.

Les additions à ce premier volume, celles du moins qui forment
les pages LIX-XCVIII, semblent avoir été imprimées plusieurs années après le reste de l'ouvrage. Elles contiennent des études sur
la convergence des séries.

Le TOME SECOND du *Tentamen* renferme : La suite de l'exposition
de la Géométrie et de la Trigonométrie, les Sections coniques, la
Stéréométrie et la Trigonométrie sphérique. De plus, dans un Appendice, les éléments de la Perspective, de la Gnomonique et de la
Chronologie. Puis des Additions au *Tome premier* (Théorie des
combinaisons, calculs d'intérêts, applications des logarithmes).
Enfin une addition à l'*Appendix* du premier volume. Il existe
encore quelques exemplaires de ce Tome II dans le commerce.

Lorsque le *Tentamen* tomba entre les mains de Gauss, celui-ci
en devina immédiatement l'auteur.

(**d**) *Az Arithmetikának, Geometriának és Physikának eleje,
a M. Vásárhelyi Kollégyom béli alsobb Tanulók számára a helybéli
Professor által. Elsö Kötet. M. Vásárhelyen,* 1834. Éléments
d'Arithmétique, de Géométrie et de Physique, pour les élèves du
Gymnase élémentaire de Maros-Vásárhely, par le professeur de
cet établissement. Première partie, 1834. In-8.— Préface et Table
des matières (p. I-X); texte (p. 1-90). — De ce Traité, qui devait
comprendre cinq parties, la première partie seulement a paru. Elle
contient les mêmes matières que le volume indiqué (**a**), moins
l'Introduction au calcul différentiel, au calcul intégral et au calcul

des variations. — Il en reste encore un petit nombre d'exemplaires.

(**e**) *A marosvásárhelyt 1829 nyomtatott Arithmetika elejének rőviditett részint bővitett, általán jobbitott, s tisztálttabb kiadása —A szerző által M. Vásárhelyt. 1843.*— Les Éléments d'Arithmétique imprimés à Maros-Vásárhely en 1829, en partie abrégés, en partie développés; édition revue, améliorée et corrigée par l'auteur. Maros-Vásárhely, 1843. — In-8. — Préface et Table des matières (p. I-XLIV), texte (p. 1-386), 2 planches en taille-douce. — Comme l'annonce le titre, le livre est une édition augmentée et corrigée du livre désigné par (**a**). Dans sa Préface, l'auteur s'exprime ainsi sur cette nouvelle édition : « Il voulait d'abord, dans sa vieillesse,
» reproduire sous une forme épurée les idées auxquelles il était
» parvenu dans sa jeunesse par la seule méditation : mais on ne
» peut s'attendre à trouver dans l'automne des grappes sur la vigne,
» si la grêle ne l'a épargnée dans l'été. En second lieu, il voulait,
» comme professeur, simplifier et développer la première édition,
» et du moins pouvoir remplacer l'usage du tome I du *Tentamen*
» latin. Si, outre le système, il se rencontre souvent quelque chose
» d'insolite, la faute en est à une longue maladie des yeux et à un
» défaut de connaissances. Pendant cette maladie, l'auteur a dû se
» soumettre à un genre de vie qui lui interdisait l'usage de ses
» yeux; il a donc été forcé, jusqu'au rétablissement de sa vue, de
» retrouver par la simple méditation toutes ses connaissances ma-
» thématiques antérieures. »

Cet ouvrage n'est point une traduction littérale du *Tentamen*. Il contient seulement, avec des suppressions et des additions, la partie arithmétique de l'ouvrage latin. Par exemple, on n'y trouve plus la démonstration de Gauss, le calcul de variations, etc.; d'autre part, les caractères de convergence des séries y sont plus développés. En beaucoup d'endroits, l'auteur renvoie au *Tentamen*. — On peut encore trouver des exemplaires de cet ouvrage.

(**f**) *Arithmetica eleje kezdőknek*. Éléments d'arithmétique pour les commençants. — Sans titre ni date. D'après une note marginale de l'auteur, l'ouvrage semble avoir été imprimé en 1845. Il contient, en 40 pages in-8, les quatre opérations fondamentales, la règle de trois, la règle de société, les fractions décimales, les éléments du calcul littéral; addition, soustraction, puissances, racines, progressions géométriques, et applications aux calculs d'intérêt.

(g) *Ürtan elemei kezdőknek.* Éléments de la science de l'espace pour les commençants. — Également sans titre ni date. D'après une note, imprimé en 1846; 42 pages de texte, in-8. A cet opuscule appartiennent 5 planches de figures, qui n'ont jamais été imprimées. L'auteur en avait dessiné de sa main un double exemplaire. Dans son testament, il fait observer à ce sujet « que ces » figures peuvent être' facilement reproduites par ceux qui en » auront besoin, puisque ce sont des enfants qui ont dessiné celles » qui existent. » Ces mots se rapportent à un troisième exemplaire, avec figures dessinées par un petit-fils de W. Bolyai (un fils de Johann). Les trois exemplaires sont la propriété du Collége Réformé de Maros Vásárhely.

Voici le contenu de l'ouvrage : Définition de l'espace, de la surface, de la ligne, du point, de la ligne droite, des parallèles (avec renvoi à l'*Appendix*); angles, triangles, leur égalité et leur similitude. Quadrilatères, leur surface; théorème de Pythagore. Cercle. Définitions de l'abscisse et de l'ordonnée. Calcul de l'aire des polygones et du cercle. Applications à la géométrie pratique : mesure des hauteurs, nivellement, calcul des surfaces. Introduction à la trigonométrie, en 4 pages, contenant les définitions du sinus, du cosinus, de la tangente, de la sécante; formules pour $\sin(a \pm b)$. Puis deux pages de corrections et d'additions.

Le dernier ouvrage de W. Bolyai, le seul qu'il ait composé en langue allemande, est intitulé :

(h) *Kurzer Grundriss eines Versuchs :* I. Die Arithmetik, *durch zweckmässig construirte Begriffe, von eingebildeten und unendlich-kleinen Grössen gereinigt, anschaulich und logisch-streng darzustellen.* II. *In der* Geometrie, *die Begriffe der geraden Linie, der Ebene, des Winkels allgemein, der winkellosen Formen, und der Krummen, der verschiedenen Arten der Gleichheit u. d. gl. nicht nur scharf zu bestimmen; sondern auch ihr Seyn im Raume zu beweisen : und da die Frage,* ob zwey von der dritten geschnittene Geraden, wenn die Summe der inneren Winkel nicht $= 2\,R$, sich schneiden oder nicht? *niemand auf der Erde ohne ein Axiom* (wie Euclid *das XI*) *aufzustellen, beantworten wird; die davon unabhängige Geometrie abzusondern; und eine auf die Ja-Antwort, andere auf das* Nein *so zu bauen, dass die Formeln der letzten, auf einen Wink auch in der ersten gültig seyen.* — *Nach*

einem lateinischen Werke von 1829, *M. Vásárhely, und eben
daselbst gedruckten ungrischen. Maros Vásárhely,* 1851.

Courte esquisse d'un essai : I. Pour présenter l'*Arithmétique*
d'une manière évidente et rigoureusement logique, en la débarras-
sant, à l'aide de conceptions convenables, des quantités imaginaires
et des infiniment petits; II. En *Géométrie*, non seulement pour déterminer avec précision les notions de la ligne droite, du plan, de
l'angle en général, des figures sans angles, des figures courbes, des
différentes espèces d'égalité, etc.; mais encore pour démontrer
leur existence dans l'espace; et — comme à la question de savoir « si
» deux droites coupées par une troisième se coupent ou ne se cou-
» pent pas lorsque la somme des angles intérieurs n'est pas égale à
» 2 angles droits », personne au monde ne peut répondre sans
poser un axiôme (tel que l'axiôme XI d'Euclide), — pour séparer la
partie de la géométrie indépendante de cette question, et fonder
une géométrie sur la réponse *affirmative*, une autre sur la réponse
négative, de telle sorte que les formules de celle-ci puissent s'appliquer aussi immédiatement à la première. — D'après un ouvrage
latin publié en 1829 à Maros-Vásárhely, et des ouvrages hongrois
imprimés dans la même ville. — In-8, 88 pages de texte.

L'ouvrage donne (p. 2-42), sous une forme condensée, les princi-
pales définitions de l'Arithmétique, y compris le calcul différentiel
et intégral, d'après le même système d'exposition que dans le
Tentamen. — Page 43 : « Des principes de la Géométrie (autant
» qu'on peut les exposer brièvement et sans figures). » L'auteur
fait mention du travail déjà cité de Nic. Lobatschewsky (Berlin,
1840), et le compare avec celui de Johann Bolyai, au sujet duquel
il dit : « Quelques exemplaires de l'ouvrage publié ici ont été
» envoyés à cette époque à Vienne, à Berlin, à Gœttingue.... De
» Gœttingue, le géant mathématique, qui du sommet des hauteurs
» embrasse du même regard les astres et la profondeur des abîmes,
» a écrit qu'il était ravi de voir exécuté le travail qu'il avait com-
» mencé pour le laisser après lui dans ses papiers. » — L'auteur
donne encore un court extrait des principes de la géométrie contenus
dans le tome I du *Tentamen*. Son style est très original, souvent
difficile à comprendre.

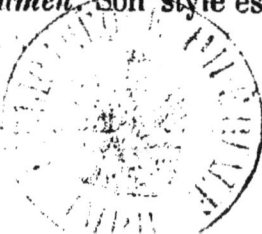

III.

Le 9 mars 1832, Bolyai fut nommé membre correspondant de la section mathématique de l'Académie Hongroise.

Comme professeur, Bolyai, par son zèle ardent, exerçait une puissante influence. Dans sa vie privée, c'était un vrai type d'originalité, et il court beaucoup d'anecdotes sur ses singularités et ses distractions. Une de ses occupations favorites était la construction de modèles de fours et d'appareils de chauffage. Il eut la joie de voir adopter de son vivant le poêle-Daniel, construit d'après la théorie des tuyaux, et qui a introduit une réforme complète dans l'économie domestique de la Transylvanie. — Il avait fait couvrir sa voiture avec des lattes.

Les ornements de son antique demeure étaient son violon et ses modèles de fours. A la muraille enfumée pendaient les portraits de son ami Gauss, de Shakespeare, qu'il appelait le fils de la Nature, et de Schiller, qu'il en appelait le petit-fils. Devant une table grossière était assis un vieillard, vêtu de pantalons hongrois en grosse étoffe noire, de hautes bottes *(czismen)*, d'une jaquette de flanelle blanche, coiffé d'un chapeau à forme basse et à larges bords : c'était Wolfgang Bolyai.

Dans l'année 1849, Bolyai fut mis à la retraite. Il fit alors faire son cercueil, écrivit les lettres de faire part de sa mort, et les fit imprimer en 1855 [*Jelentés* (annonce), 8 pages in-8, 1855]. Dans son testament, il ordonna que ses funérailles fussent aussi simples que possible, et qu'on sonnât simplement la cloche de l'École, comme signe qu'il fallait partir pour la dernière et la grande leçon. La croyance de Bolyai à l'immortalité de l'âme était inébranlable. Il regardait la terre comme un bourbier où languit l'esprit enchaîné; la mort comme un ange libérateur, qui conduit l'âme au sortir de sa captivité dans des régions plus heureuses. Son noble et beau caractère est attesté par sa générosité qui ne connaissait pas de bornes, et par son excessive modestie.

Sa tombe ne devait porter aucune marque. Il permit seulement à l'un de ses amis de planter un pommier au milieu du gazon sous lequel il devait reposer, en mémoire des trois pommes, dont les deux premières, celle d'Ève et celle de Paris, avaient changé la terre en un enfer, et dont l'autre, celle de Newton, l'avait replacée au rang des corps célestes.

Le jour de la mort de Bolyai, le Collége Réformé publia la lettre de faire part dont nous avons parlé, en y ajoutant ces mots :

« L'Administration du Collége Réformé annonce la triste nou-
» velle qu'après quarante-sept ans de bons et infatigables services
» et cinq ans passés dans le repos, le professeur émérite, corres-
» pondant de l'Académie Hongroise, BOLYAI FARKAS (Wolfgang)
» a cessé de vivre le 20 novembre 1856, à 9 heures et demie du
» soir, âgé de près de 82 ans. Les derniers devoirs lui seront
» rendus le 23, à deux heures après midi. Par respect pour la
» volonté du défunt, l'inhumation aura lieu de la manière décrite
» ci-dessus. »

Bolyai a laissé deux fils, dont l'un Johann, est mort en 1860, capitaine retraité du corps I. et R. du Génie; l'autre, Gregor, agri-culteur auprès d'Hermanstadt, est encore vivant.

Dans les papiers de J. Bolyai se trouvent des notes sur les manus-crits laissés par son père, qui se composent d'un grand nombre d'élégies, de six hexamètres latins à la mémoire de son ami Gauss; de plusieurs cahiers illisibles, écrits pour son usage personnel; d'une Géographie mathématique; de recherches sur le théorème de Wilson, et d'un Mémoire sur les fractions continues : le tout en langue hongroise. Ces manuscrits, ainsi que tous les ouvrages im-primés de W. Bolyai, sont devenus, d'après son testament, la propriété du Collége Réformé de Maros Vásárhely.

IV.

JOHANN BOLYAI DE BOLYA (en hongrois, Bolyai János,) fils du précédent, naquit à Klausenburg, en Transylvanie, le 15 dé-cembre 1802. Il étudia dans une des institutions fondées en Tran-sylvanie par l'Académie Impériale du Génie de Vienne, et il en sortit, le 7 septembre 1822, comme cadet du Génie. Le 1er sep-tembre 1823, il fut promu sous-lieutenant; et le 16 juin 1833, il fut mis à la retraite comme capitaine.

J. Bolyai était un profond mathématicien, et de plus un violo-niste distingué, et un tireur d'armes de première force. Ce dernier talent ne fut pas étranger à sa mise si prompte à la retraite (¹).

A l'exception de l'*Appendix* du premier volume du *Tentamen,* mentionné à l'article (b), J. Bolyai n'a rien imprimé. Cependant, le peu que nous avons de lui nous donne le droit de penser que les manuscrits qu'il a laissés doivent receler plus d'un trésor caché ; et les possesseurs des papiers de J. Bolyai rendraient un grand service à la Géométrie, s'ils se décidaient à les soumettre à l'examen d'un homme compétent et dévoué à la science.

J. Bolyai est mort en 1860, à Maros Vásárhely. Nous n'avons encore pu, malgré nos demandes réitérées, obtenir une date plus précise. En vertu d'un règlement militaire, ses papiers furent jetés dans deux caisses, que l'on tint fermées, jusqu'au jour où, à l'exception de quelques travaux sur l'art militaire, tous ces papiers furent déposés à la Bibliothèque du Collège Réformé, conformément à une disposition du testament de Bolyai père ; c'est là que sont actuellement réunis tous les écrits de Johann. A en juger à première vue, ces papiers doivent comprendre plus de mille pages. Une partie est écrite sur de petites feuilles de toute grandeur, et se trouve dans un complet désordre.

Dans les dernières années de sa vie, J. Bolyai s'était presque exclusivement occupé de linguistique. Il avait conçu le projet gigantesque de créer une langue universelle pour la parole, comme on en a une pour la musique. Il vivait retiré du commerce des hommes, absorbé tout entier par son idée. D'après tous les renseignements qui nous sont parvenus, c'était un caractère bizarre et tout à fait original, mais une brillante intelligence.

En 1853, il voulut faire imprimer une partie de ses travaux mathématiques ; car on a trouvé parmi ses papiers une feuille de titre et des fragments d'un Mémoire intitulé : *Principia doctrinæ novæ quantitatum imaginariarum perfectæ uniceque satisfacientis, aliæque disquisitiones analyticæ et analytico-geometricæ cardinales gravissimæque ; auctore Johan. Bolyai de eadem, C. R.*

(¹) Se trouvant en garnison avec des officiers de cavalerie, Bolyai fut provoqué par treize d'entre eux, et il accepta tous les cartels, à condition qu'on lui permettrait après chaque duel de jouer un morceau de violon. Il sortit vainqueur de ses treize duels, laissant ses treize adversaires sur le carreau.

austriaco castrensium capitaneo pensionato. Vindobonæ, vel Maros Vásárhelyini, 1853.

Là s'arrêtent les renseignements qui nous sont parvenus sur deux hommes, dont les talents n'ont pu malheureusement trouver dans leur patrie l'estime et le respect qui leur étaient dus. A l'étranger, les hommes de science ont su apprécier le nom de Bolyai, sans que la Hongrie se soit encore associée à cet hommage. Il appartiendrait cependant à l'Académie des Sciences de Pest de veiller à ce que les écrits posthumes des Bolyai ne soient pas perdus pour les contemporains et pour la postérité. Notre patrie doit à deux de ses plus illustres enfants, elle doit à l'Europe savante de ne pas laisser périr des œuvres qui jetteraient tant d'éclat sur la science hongroise, et que les géomètres de tout pays accueilleraient avec tant d'intérêt.

Temesvár, décembre 1867.

EXPLICATION DES SIGNES.

———

$\overline{a\,b}$ l'ensemble de *tous* les points situés en ligne droite avec les points a et b.

$\overrightarrow{a\,b}$ celle des moitiés de la droite $\overline{a\,b}$ qui commence au point a et qui comprend le point b.

$\overline{a\,b\,c}$ l'ensemble de *tous* les points situés dans le même plan que les trois points (non en ligne droite) a, b, c.

$\overrightarrow{a\,b\,c}$ celle des moitiés du plan $\overline{a\,b\,c}$ qui part de la droite $\overline{a\,b}$ et qui comprend le point c.

$a\,b\,c$ *la plus petite* des parties dans lesquelles $\overline{a\,b\,c}$ est partagé par les droites $\overrightarrow{b\,a}$, $\overrightarrow{b\,c}$, ou l'*angle* dont les côtés sont $\overrightarrow{b\,a}$, $\overrightarrow{b\,c}$.

$a\,b\,c\,d$ (le point d étant situé à l'intérieur de $a\,b\,c$, et les droites $\overline{b\,a}$, $\overline{c\,d}$ ne se coupant pas) la portion de $a\,b\,c$ comprise entre $\overrightarrow{b\,a}$, $b\,c$, $\overrightarrow{c\,d}$; tandis que $b\,a\,c\,d$ désignera la portion de $\overline{a\,b\,c}$ comprise entre $\overline{a\,b}$ et $\overline{c\,d}$.

L signe de la perpendicularité.

$|||$ signe du parallélisme.

$\wedge$ un angle.

R un angle droit.

$\equiv$ indique que deux quantités sont superposables.

$a\,b \equiv c\,d$ $c\,a\,b = a\,c\,d$.

$x \longrightarrow a$ x converge vers la limite a.

$\triangle$ triangle.

$\square$ carré.

$\bigcirc r$ la circonférence du cercle de rayon r.

$\odot r$ l'aire du cercle de rayon r.

———

LA

SCIENCE ABSOLUE DE L'ESPACE

indépendante de la vérité ou de la fausseté de l'Axióme XI d'Euclide
(que l'on ne pourra jamais établir *a priori*);

SUIVIE DE LA QUADRATURE GÉOMÉTRIQUE DU CERCLE, DANS LE CAS DE LA FAUSSETÉ
DE L'AXIÓME XI,

PAR JEAN BOLYAI,

Capitaine au Corps du Génie dans l'armée autrichienne.

---

§ 1.

Si la droite $\overrightarrow{am}$ n'est pas coupée par la droite $\overrightarrow{bn}$, située dans le même plan, mais qu'elle soit coupée par toute autre droite $\overrightarrow{bp}$, comprise dans l'angle abn, on dira que $\overrightarrow{bn}$ est *parallèle à* $\overrightarrow{am}$, c'est à dire qu'on aura $bn \parallel\!\!\!| \; am$.

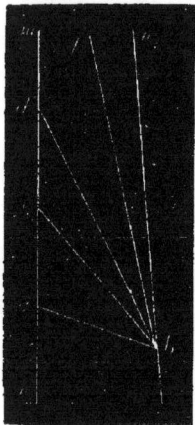

Il est facile de voir qu'*il existe une telle droite* $\overrightarrow{bn}$, *et une seule*, passant par un point quelconque b (pris hors de $\overline{am}$), et que la somme des angles bam, abn ne peut surpasser $2R$. Car, en faisant mouvoir bc autour de b jusqu'à ce que l'on ait $bam + abc = 2R$, il y aura un instant où $\overrightarrow{bc}$ *commencera* à ne plus couper $\overrightarrow{am}$, et c'est alors qu'on aura $bc \parallel\!\!\!| \; am$.

Il est clair, en même temps, que $bn \parallel\!\!\!| \; em$, quel que soit le point e pris sur $\overline{am}$.

Si, tandis que le point c s'éloigne à l'infini sur $\overrightarrow{am}$, on prend toujours $cd = cb$, on aura constamment $cbd = cdb < nbc$. Or $nbc \frown 0$; donc aussi $adb \frown 0$.

§ 2.

Si $bn \; ||| \; am$, on a aussi $cn \; ||| \; am$. Soit, en effet, d un point quelconque de $macn$. Si c est sur $\overrightarrow{bn}$, $\overrightarrow{bd}$ coupera $\overrightarrow{am}$, puisque $bn \; ||| \; am$. Donc cd coupera aussi $\overrightarrow{am}$. Si c est situé sur $\overrightarrow{bp}$, soit $bq \; ||| \; cd$; bq tombera à l'intérieur de abn (§ 1), et coupera par conséquent $\overrightarrow{am}$; donc $\overrightarrow{cd}$ coupera aussi $\overrightarrow{am}$. Donc toute droite $\overrightarrow{cd}$ (dans acn) coupe, dans l'un et l'autre cas, la droite $\overrightarrow{am}$, sans que $\overrightarrow{en}$ elle-même coupe $\overrightarrow{am}$. Donc on a toujours $cn \; ||| \; am$.

§ 3.

Si br et cs sont l'une et l'autre $||| \; am$, et que c ne soit pas situé sur $\overrightarrow{br}$, alors $\overrightarrow{br}$ et $\overrightarrow{cs}$ ne se couperont pas. Car si $\overrightarrow{br}$ et $\overrightarrow{cs}$ avaient un point commun d, alors (§ 2) dr et ds seraient l'une et l'autre $||| \; am$, $\overrightarrow{dr}$ (§ 1) coïnciderait avec $\overrightarrow{ds}$, et c tomberait sur $\overrightarrow{br}$, ce qui est contre l'hypothèse.

§ 4.

Si $man > mab$, il y aura, pour tout point b de $\overrightarrow{ab}$, un point c de $\overrightarrow{am}$, tel qu'on aura $bcm = nam$. On peut, en effet (§ 1), mener bd de façon que $bdm > nam$, et en faisant $mdp = man$, b sera compris dans $nadp$. Si donc on transporte nam le long de am, jusqu'à ce que $\overrightarrow{an}$ arrive sur $\overrightarrow{dp}$, il faudra que $\overrightarrow{an}$ ait passé par b, et que l'on ait eu quelque part $bcm = nam$.

§ 5.

Si $bn \,|||\, am$, il y a sur $\overline{am}$ un point f tel que $fm \,\underline{\Lambda}\, bn$. En effet, on peut faire en sorte que l'on ait (§ 1) $bcm > cbn$, et, si $ce = cb$, il en résultera $ec \,\underline{\Lambda}\, bc$, d'où $bem < ebn$. Faisons mouvoir le point p sur ec. L'angle bpm, pour p voisin de e, commencera par être $<$ l'angle pbn correspondant, et pour p voisin de c, il finira par être $> pbn$. Or, l'angle bpm va en croissant d'une manière continue depuis bem jusqu'à bcm, puisque (§ 4) il n'existe aucun angle $> bem$ et $< bcm$, auquel bpm ne puisse devenir égal. Pareillement pbn décroît d'une manière continue depuis ebn jusqu'à cbn. Il existe donc sur ec un point f tel que $bfm = fbn$.

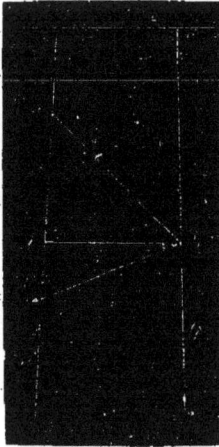

§ 6.

Si $bn \,|||\, am$, et que e soit un point quelconque de $\overline{am}$, g un point quelconque de $\overline{bn}$, on aura alors $gn\,|||\,em$ et $em\,|||\,gn$.

Car on a (§ 1) $bn\,|||\,em$, d'où (§ 2) $gn\,|||\,em$. Si l'on fait maintenant $fm \,\underline{\Lambda}\, bn$ (§ 5), alors $mfbn = nbfm$, et par suite, puisque $bn\,|||\,fm$, on a aussi $fm\,|||\,bn$, et, d'après ce qui précède, $em\,|||\,gn$.

§ 7.

Si bn et cp sont l'une et l'autre $|||\,am$, et que c ne soit pas situé sur $\overline{bn}$, on aura aussi $bn\,|||\,cp$.

En effet, $\overrightarrow{bn}$ et $\overrightarrow{cp}$ ne se coupent pas (§ 3). D'ailleurs, am, bn et cp sont ou ne sont pas dans un même plan, et, dans le premier cas, am est ou n'est pas à l'intérieur de $bncp$.

1° Si am, bn, cp sont dans un même plan, et que am tombe à l'intérieur de $bncp$, alors toute droite $\overrightarrow{bq}$ menée à l'intérieur de nbc, coupera $\overrightarrow{am}$

quelque part en d, puisque $bn \;|||\; am$. De plus, à cause de dm $|||\; cp$ (§ 6), il est clair que $\overrightarrow{dq}$ coupera $\overrightarrow{cp}$; donc on a $bn \;|||\; cp$.

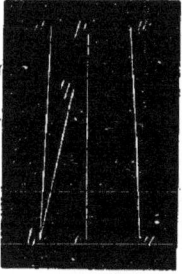

2° Si bn et cp sont du même côté de am, l'une d'elles, cp par exemple, sera comprise *entre* les deux autres droites $\overrightarrow{bn}$, am. Or, toute droite $\overrightarrow{bq}$, intérieure à nba, rencontre $\overrightarrow{am}$; par suite, elle rencontre aussi cp. Donc $bn \;|||\; cp$.

3° Si les plans mab, mac font entre eux un angle, alors cbn et abn ne pourront avoir de commun que la ligne $\overrightarrow{bn}$, tandis que $\overline{am}$ (dans abn) n'aura rien de commun avec $\overrightarrow{bn}$, et par suite aussi nbc n'aura rien de commun avec $\overrightarrow{am}$. Or, tout plan $\overrightarrow{bcd}$, mené par la droite $\overrightarrow{bd}$ (situé dans nba), rencontrera $\overrightarrow{am}$, puisque $\overrightarrow{bq}$ rencontre $\overrightarrow{am}$ (à cause de bn $|||\; am$). En faisant donc mouvoir $\overrightarrow{bcd}$ autour de bc, jusqu'à ce que ce plan *commence* à quitter $\overrightarrow{am}$, $\overrightarrow{bcd}$ viendra alors coïncider avec $\overrightarrow{bcn}$. Par la même raison, ce même plan viendra coïncider avec $\overrightarrow{bcp}$; donc bn est dans le plan bcp.

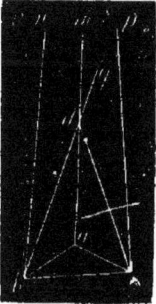

Si, de plus, $br \;|||\; cp$, alors (am étant aussi $|||\; cp$) br sera, par la même raison, dans le plan bam, et aussi (puisque $br \;|||\; cp$) dans le plan bcp. Donc $\overrightarrow{br}$, étant commune aux deux plans mab, pcb, n'est autre chose que la ligne $\overrightarrow{bn}$; donc $bn \;|||\; cp$ [*].

Si donc $cp \;|||\; am$, et que b soit extérieur à $\overline{cam}$, alors l'intersection $\overrightarrow{bn}$ des plans bam, cap est $|||$ à la fois à am et à cp.

§ 8.

Si bn est $|||$ et $\stackrel{\_}{\frown} cp$ (ou plus brièvement, si bn $|||\; \stackrel{\_}{\frown} cp$), et que am (dans $nbcp$) soit $\llcorner$ sur le milieu de bc, alors $bn \;|||\; am$.

En effet, si $\overrightarrow{bn}$ rencontrait $\overrightarrow{am}$, $\overrightarrow{cp}$ rencontrerait aussi $\overrightarrow{am}$ au même point (à cause de $mabn \equiv$

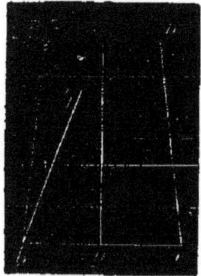

---

[*] En plaçant ce 3e cas avant les deux précédents, ceux-ci pourraient se démontrer avec plus de brièveté et d'élégance, comme le 2e cas du § 10.

(*Note de l'Auteur.*)

$macp$, et ce point serait commun aux lignes $\overrightarrow{bn}$, $\overrightarrow{cp}$ elles-mêmes, tandis qu'au contraire bn ||| cp. D'autre part, toute droite $\overrightarrow{bq}$, intérieure à cbn, rencontre $\overrightarrow{cp}$; elle rencontre donc aussi $\overrightarrow{am}$. Par conséquent, bn ||| am.

§ 9.

Si bn ||| am, $map \perp mab$, et que l'angle dièdre $dnba$ des plans nbd, nba (prolongés du même côté de $mabn$ où se trouve map) soit $< R$; alors map et nbd se couperont.

Soit, en effet, $bam = R$, $ac \perp bn$ (que c coïncide ou non avec b),

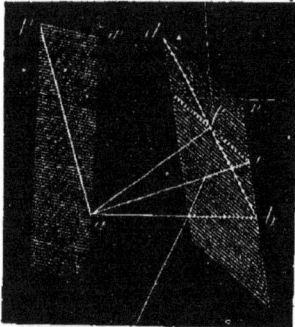

et $ce \perp bn$ (dans nbd); on aura (par hypothèse) $ace < R$, et af ($\perp ce$) tombera dans ace. Soit $\overrightarrow{ap}$ l'intersection des plans $\overrightarrow{abf}$, $\overrightarrow{amp}$ (qui ont le point a commun) : on aura $bap = bam = R$ (puisque $bam \perp map$). Si enfin l'on fait mouvoir $\overrightarrow{abf}$ autour des points fixes a et b, jusqu'à ce qu'il s'applique sur $\overrightarrow{abm}$, $\overrightarrow{ap}$ tombera sur $\overrightarrow{am}$, et puisque $ac \perp bn$

et $af < ac$, il est clair que af aura son extrémité entre $\overrightarrow{bn}$ et $\overrightarrow{am}$, et que par suite bf tombera à l'intérieur de abn. Or, *dans cette position*, $\overrightarrow{bf}$ rencontre $\overrightarrow{ap}$ (puisque bn ||| am); donc $\overrightarrow{ap}$ et $\overrightarrow{bf}$ se rencontrent aussi *dans la position primitive,* et le point de rencontre est commun à $\overrightarrow{map}$ et à $\overrightarrow{nbd}$. Donc $\overrightarrow{map}$ et $\overrightarrow{nbd}$ se coupent.

On en conclut facilement que $\overrightarrow{map}$ et $\overrightarrow{nbd}$ se coupent toutes les fois que la somme des angles dièdres qu'ils forment avec mab est $< 2R$.

§ 10.

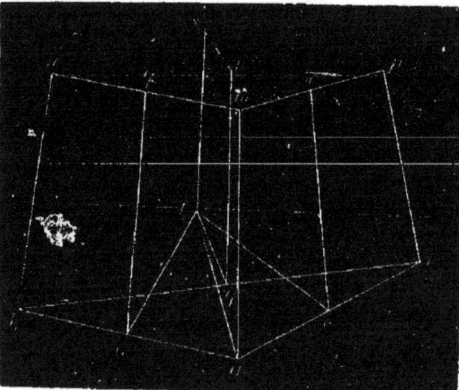

Si bn et cp sont l'une et l'autre ||| $\rightleftharpoons am$, on aura aussi bn ||| $\rightleftharpoons cp$.

En effet, ou les plans mab, mac font entre eux un angle, ou ils forment un même plan.

1° Si le premier cas a lieu, menons $qdf \perp$ sur le milieu de

ab. Alors dq sera $\llcorner\ ab$, et par suite dq ||| am (§ 8). De même, si $\overrightarrow{ers}$ est $\llcorner$ sur le milieu de ac, on aura er ||| am, d'où dq ||| er (§ 7). On en conclut aisément (d'après le § 9) que $\overrightarrow{qdf}$ et $\overrightarrow{ers}$ se rencontrent, et que leur intersection $\overrightarrow{fs}$ est ||| dq (§ 7); de plus, à cause de bn ||| dq, on a aussi fs ||| bn. On a en outre (pour tout point f de $\overrightarrow{fs}$) $fb = fa = fc$, et $\overrightarrow{fs}$ est située dans le plan $\overrightarrow{tgf}\ \llcorner$ sur le milieu de bc. Or on a (§ 7), à cause de fs ||| bn, gt ||| bn. On démontrera de même que gt ||| cp. Mais $gt\ \llcorner$ sur le milieu de bc; donc $tgbn \equiv tgcp$ (§ 1), et bn ||| ⚍ cp.

2° Si bn, am et cp sont dans un même plan, soit la droite fs, *extérieure* à ce plan, et ||| ⚍ am. Alors, d'après ce qu'on vient de voir, fs ||| ⚍ à chacune des droites bn, cp, et par suite on a aussi bn ||| ⚍ cp.

§ 11.

Considérons l'ensemble formé par le point a et par *tous* les points tels que, pour un quelconque d'entre eux b, lorsque bn ||| am, on ait aussi bn ⚍ am, et désignons cet ensemble par F [*]; et soit L [**] l'intersection de F avec un plan quelconque mené par la droite am. Sur toute droite ||| am, F a un point, et un seul; et il est évident que L est divisée par am en deux parties susceptibles de coïncider. Nous appellerons $\overrightarrow{am}$ l'*axe de* L. Il est clair encore que, dans un plan quelconque passant par la droite am, il y a, pour l'axe $\overrightarrow{am}$, une seule ligne L. Toute ligne L, ainsi définie, s'appellera le L de $\overrightarrow{am}$ (dans le plan, bien entendu, que l'on considère). Il est évident que, par la révolution de L autour de la droite am, on engendrera le F dont $\overrightarrow{am}$ est dite l'*axe*, et qui est, réciproquement, *le* F *de l'axe* $\overrightarrow{am}$.

§ 12.

Soit b un point quelconque du L de $\overrightarrow{am}$, et bn ||| ⚍ am (§ 11). Alors le L de $\overrightarrow{am}$ et le L de $\overrightarrow{bn}$ coïncideront.

---

[*] *Sphère-limite* de Lobatschewsky (H.).
[**] *Cercle-limite* de Lobatschewsky (H.).

Soit, en effet, L' le L de $\overrightarrow{bn}$; soit c un point quelconque de L', et $cp \;|||\; \triangle\; bn$ (§ 11). A cause de $bn \;|||\; \triangle\; am$, on aura aussi $cp \;|||\; \triangle\; am$ (§ 10); par conséquent c sera situé sur L. Et si c est un point quelconque de L, et que $cp \;|||\; \triangle\; am$, alors aussi $cp \;|||\; \triangle\; bn$ (§ 10); donc c est également situé sur L' (§ 11). Donc L et L' sont identiques, et toute droite $\overrightarrow{bn}$ ($|||\; am$) est un nouvel axe de L, et est $\triangle$ par rapport à tous les axes de L.

La même propriété se démontrerait de la même manière pour la surface F.

§ 13.

Si l'on a $bn \;|||\; am$, $cp \;|||\; dq$, et $bam + abn = 2\,R$, alors on aura aussi $dcp + cdq = 2\,R$.

Soient, en effet, $ea = eb$, et $efm = dcp$ (§ 4). A cause de $bam + abn = 2\,R = abn + abg$, on aura $ebg = eaf$. Si donc on a encore $bg = af$, le $\triangle ebg = \triangle eaf$, $beg = aef$, et g tombera sur $\overrightarrow{fe}$. On a, de plus, $gfm + fgn = 2\,R$ (puisque $egb = efa$). D'ailleurs $gn \;|||\; fm$ (§ 6); donc, si $mfrs = pcdq$, alors $rs \;|||\; gn$ (§ 7), et r tombe soit en dedans, soit en dehors de fg (si l'on n'a pas $cd = fg$, auquel cas la proposition serait évidente).

1° Dans le premier cas, frs n'est pas plus grand que $2\,R - rfm = fgn$, puisque $rs \;|||\; fm$. Mais comme $rs \;|||\; gn$, frs n'est pas $< fgn$. Donc $frs = fgn$, et $rfm + frs = gfm + fgn = 2\,R$. On a donc aussi $dcp + cdq = 2\,R$.

2° Si r tombe en dehors de fg, alors $ngr = mfr$. Soit $mfgn = nghl = lhko$, et ainsi de suite, jusqu'à ce que fk devienne $= fr$ ou commence à surpasser fr. On a ici $ko \;|||\; hl \;|||\; fm$ (§ 7). Si k tombe en r, alors ko tombe sur rs (§ 1), et par suite $rfm + frs = kfm + fko = kfm + fgn = 2\,R$. Mais si r tombe à l'intérieur de hk, alors (d'après 1°) on a $rhl + krs = 2\,R = rfm + frs = dcp + cdq$.

§ 14.

Si l'on a $bn \parallel am$, $cp \parallel dq$ et $bam + abn < 2\,R$, on aura aussi $dcp + cdq < 2\,R$.

Car, si $dcp + cdq$ n'était pas $< 2\,R$, cette somme (d'après le § 1) serait $= 2\,R$. Alors on aurait aussi (§ 13) $bam + abn = 2\,R$, ce qui est contre l'hypothèse.

§ 15.

En considérant ce que nous avons établi dans les §§ 13 et 14, *nous désignerons par* Σ *le système de géométrie qui repose sur l'hypothèse de la vérité de l'axiôme XI d'Euclide, et par S le système fondé sur l'hypothèse contraire.*

Tous les résultats que nous énoncerons, sans désigner expressément si c'est dans le système Σ *ou dans le système S qu'ils ont lieu, devront être considérés comme énoncés d'une manière absolue, c'est-à-dire qu'ils seront donnés comme vrais, soit qu'on se place dans le système* Σ, *soit qu'on se place dans le système S.*

§ 16.

Si am est l'axe d'une ligne L, cette ligne L, dans le système Σ, sera une droite $\llcorner am$.

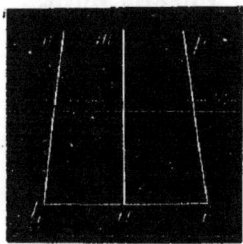

Soit, en effet, bn l'axe en un point quelconque b de L; on aura, dans Σ, $bam + abn = 2bam = 2\,R$, d'où $bam = R$. Et si c est un point quelconque de $\overline{ab}$, et que l'on ait $cp \parallel am$, on aura (§ 13) $cp \leftrightsquigarrow am$, et par conséquent c sera sur L (§ 11).

Mais, dans S, il n'existe nulle part sur L ou sur F trois points en ligne droite. — En effet, quelqu'un des axes am, bn, cp (am, par exemple) tombe entre les deux autres, et alors (§ 14) bam et cam sont l'un et l'autre $< R$.

§ 17.

Dans S, L est encore une ligne, et F une surface. Car (§ 11) tout plan mené perpendiculairement à l'axe $\overrightarrow{am}$ par un point quelconque de F, coupe F suivant une circonférence de cercle, dont le plan (§ 14) n'est perpendiculaire à aucun autre axe $\overrightarrow{bn}$. Si l'on fait tourner F autour de bn, un point quelconque de F (§ 12) restera sur F, et la section de F par un plan non perpendiculaire à $\overrightarrow{bn}$ décrira une surface. Or, quels que soient les points a, b pris sur F, F pourra (§ 12) coïncider *avec lui-même,* de manière que a tombe en b. Donc F est une *surface uniforme.*

Il résulte de là (§§ 11 et 12) que L est une *ligne uniforme* [*],

§ 18.

L'intersection de F avec un plan quelconque, mené par un point a de F obliquement à l'axe am, est, dans le système S, une circonférence de cercle.

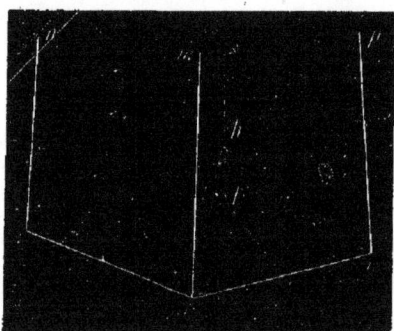

Soient, en effet, a, b, c trois points de cette section, et bn, cp des axes. $ambn$ et $amcp$ feront un angle, sans quoi le plan déterminé par a, b, c (§ 16) comprendrait am, ce qui est contraire à l'hypothèse. Donc les plans perpendiculaires sur les milieux des droites ab, ac se coupent (§ 10) suivant un certain axe $\overrightarrow{fs}$ de F, et l'on a $fb = fa = fc$. Soit $ah \perp fs$, et faisons tourner fah autour de fs; a décrira une circonférence de rayon ha, passant en b et en c, et située à la fois dans F et dans $\overline{abc}$; de plus, F et abc n'ont rien de commun que la $\bigcirc ha$ (§ 16).

Il est encore évident qu'en faisant tourner la portion fa de ligne L (comme rayon) dans F autour de a, son extrémité décrira la $\bigcirc ha$.

§ 19.

La perpendiculaire bt à l'axe bn de L (menée dans le plan de L) est, dans le système S, la tangente à la ligne L.

---

[*] Il n'est pas nécessaire de restreindre la démonstration au système S; on peut établir facilement qu'elle est vraie d'une manière absolue pour S et pour Σ.   (*Note de l'Auteur.*)

En effet, L n'a de commun avec $\overrightarrow{bt}$ que le point b (§ 14). Mais, si bq est situé dans le plan tbn, alors le centre de la section faite dans le F de $\overrightarrow{bn}$ par le plan mené suivant bq perpendiculairement à tbn (§ 18), est évidemment placé sur $\overrightarrow{bq}$; et si bq est un diamètre, il est clair que $\overrightarrow{bq}$ coupera en q le L de $\overrightarrow{bn}$.

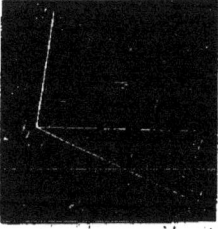

§ 20.

Deux points quelconques de F déterminent une ligne L (§§ 11 et 18); et puisque (§§ 16 et 19) L est perpendiculaire à tous ses axes, tout angle de lignes L dans F est égal à l'angle des plans menés par ses côtés perpendiculairement à F.

§ 21.

Deux lignes L, $\overrightarrow{ap}$ et $\overrightarrow{bd}$, dans la même surface F, faisant avec une troisième ligne L, savoir, avec ab, des angles intérieurs dont la somme est $< 2R$, se rencontreront.

Nous désignerons par $\overline{ap}$, dans F, la ligne L mené par a et p, et par $\overrightarrow{ap}$ celle des moitiés de cette ligne, à partir de a, qui contient le point p.

En effet, si am, bn sont des axes de F, les plans $\overrightarrow{amp}$, $\overrightarrow{bnd}$ se couperont (§ 9), et F rencontrera leur intersection (§§ 7 et 11). Donc $\overrightarrow{ap}$ et $\overrightarrow{bd}$ se rencontreront.

Il résulte de là que l'axiôme XI et toutes les conséquences que l'on en déduit en géométrie et en trigonométrie (plane), sont vrais d'une manière absolue dans F, les lignes L jouant le rôle de lignes droites. Par conséquent, les fonctions trigonométriques seront prises ici dans le même sens que dans le système Σ; et la circonférence du cercle tracé dans F et ayant pour rayon une portion de ligne L égale à r, aura pour longueur $2\pi r$; et de même $\odot r$ (dans F) sera $= \pi r^2$ (π désignant $\frac{1}{2} \odot 1$ dans F, c'est-à-dire le nombre connu 3, 1415926....).

§ 22.

Soit $\overline{ab}$ la ligne L de $\overrightarrow{am}$, et c un point de $\overrightarrow{am}$. Imaginons que l'angle cab (formé par la droite $\overrightarrow{am}$ et la ligne L désignée par $\overrightarrow{ab}$) soit transporté d'abord le long de $\overrightarrow{ab}$, puis le long de $\overrightarrow{ba}$, et de part et d'autre jusqu'à l'infini. La trajectoire $\overline{cd}$ du point c sera la ligne L dé $\overrightarrow{cm}$.

En effet, si l'on désigne cette dernière par L', soient d un point quelconque de $\overrightarrow{cd}$, dn $|||$ cm, et b le point de L situé sur $\overrightarrow{dn}$. On aura $bn \leftrightarrows am$ et $ac = bd$, et par suite $dn \leftrightarrows cm$; donc d est sur L'. D'ailleurs, si d est sur L' et si dn $|||$ cm, et que b soit le point de L commun avec $\overrightarrow{dn}$, on aura $am \leftrightarrows bm$ et $cm \leftrightarrows dn$, d'où il résulte que $bd = ac$, et que d tombera sur la trajectoire du point c; L' sera donc identique avec $\overrightarrow{cd}$.

Nous représenterons la relation d'une telle ligne L' avec L par la notation $L' \parallel L$.

§ 23.

Si la ligne L représentée par cdf est $\parallel abe$ (§ 22); si, de plus, $ab = be$, et que $\overrightarrow{am}$, $\overrightarrow{bn}$, $\overrightarrow{ep}$ soient des axes, on aura évidemment $cd = df$. Si a, b, e sont trois points quelconques de $\overrightarrow{ab}$, et que l'on ait $ab = n.cd$, on aura aussi $ae = n.cf$, et par conséquent (ce qui s'étend évidemment au cas de ab, ae, dc incommensurables), $ab : cd = ae : cf$. Le rapport $ab : cd$ est donc INDÉPENDANT DE ab, ET COMPLÈTEMENT DÉTERMINÉ AU MOYEN DE ac. Nous désignerons la valeur de ce rapport $ab : cd$ par la lettre capitale (telle que X) qui correspondra à la lettre minuscule (telle que x) par laquelle nous représenterons ac.

§ 24.

Quels que soient x et y, on a $Y = X^{\frac{y}{x}}$ (§ 23). En effet, ou l'une des quantités x, y est multiple de l'autre (par exemple, y est multiple de x), ou elle ne l'est pas.

Si $y = nx$, soit $x = ac = cg = gh = \ldots$, jusqu'à ce que l'on ait $ah = y$. Soit, de plus, $cd \parallel gk \parallel hl$. On aura (§ 23) $X = ab : cd = cd : gk = gk : hl$, et par conséquent

$$\frac{ab}{hl} = \left(\frac{ab}{cd}\right)^n,$$

ou

$$Y = X^n = X^{\frac{y}{a}}$$

Si x, y sont des multiples de i, $x = mi$, $y = ni$, on aura, d'après ce qu'on vient de voir, $X = I^m$, $Y = I^n$, et par conséquent

$$Y = X^{\frac{n}{m}} = X^{\frac{y}{a}}$$

Cette conclusion s'étend aisément au cas où x et y sont incommensurables.

Si l'on a $q = y - x$, il en résultera évidemment $Q = Y : X$.

Il est clair que, dans le système Σ, on a, pour toute valeur de x, $X = 1$. Dans le système S, au contraire, on a $X > 1$, et pour des valeurs quelconques de ab et de abe, il existe une ligne $cdf \parallel abe$, telle que $cdf = ab$, d'où il résulte $ambn \equiv amep$, quoique la première de ces deux figures soit un multiple quelconque de la seconde : résultat singulier, mais qui ne prouve évidemment pas l'absurdité du système S.

§ 25.

Dans tout triangle rectiligne, les circonférences de rayons égaux aux côtés sont entre elles comme les sinus des angles opposés.

Soient, en effet, $abc = R$, et $am \perp bac$, et soient bn et $cp \parallel am$. On aura $cab \perp ambn$, et par suite (à cause de $cb \perp ba$), $cb \perp ambn$; par conséquent, $cpbn \perp ambn$. Supposons que le F de $\overrightarrow{cp}$ coupe les droites $\overline{bn}$, $\overline{am}$ respectivement en d, e, et les bandes $cpbn$, $cpam$, $bnam$ suivant les lignes L, cd, ce, de. Alors (§ 20) $\wedge cde$ sera égal à l'angle de ndc, nde, et par suite $= R$; et l'on aura, par la même raison, $ced = cab$. Or (§ 21), dans le $\triangle$ ced, formé par des lignes L (en supposant toujours ici le rayon $= 1$), on a

$$ec : dc = 1 : \sin dec = 1 : \sin cab.$$

On a aussi (§ 21)

$$ec : dc = \bigcirc ec : \bigcirc dc \text{ (dans } F) = \bigcirc ac : \bigcirc bc \text{ (§ 18).}$$

Par conséquent on en conclut

$$\bigcirc ac : \bigcirc bc = 1 : \sin cab,$$

d'où il résulte que la proposition énoncée se trouve établie pour un triangle quelconque.

§ 26.

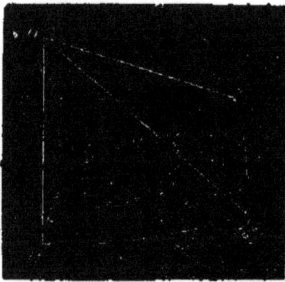

Dans tout triangle sphérique, les sinus des côtés sont entre eux comme les sinus des angles opposés à ces côtés.

Soient, en effet, $abc = R$, et ced $\llcorner$ au rayon oa de la sphère. On aura ced $\llcorner$ aob, et (boc étant aussi $\llcorner$ boa), cd $\llcorner$ ob. Or, dans les triangles ceo, cdo, on a (§ 25)

$$\bigcirc ec : \bigcirc oc : \bigcirc dc = \sin coe : 1 : \sin cod$$
$$= \sin ac : 1 : \sin bc.$$

Mais on a aussi (§ 25)

$$\bigcirc ec : \bigcirc dc = \sin cde : \sin ced.$$

Donc

$$\sin ac : \sin bc = \sin cde : \sin ced.$$

Mais $cde = R = cba$, et $ced = cab$. Par conséquent

$$\sin ac : \sin bc = 1 : \sin a,$$

De là découle toute la Trigonométrie sphérique, qui se trouve ainsi établie indépendamment de l'Axiôme XI.

§ 27.

Si ac et bd sont $\llcorner$ ab, et qu'on transporte $\wedge$ cab le long de $\overrightarrow{ab}$, on aura, en désignant par cd le chemin décrit par le point c,

$$cd : ab = \sin u : \sin v.$$

Soit, en effet, $de \perp ca$. Dans les triangles ade, adb, on a (§ 25)

$$\text{C } ed : \text{O } ad : \text{O } ab = \sin u : 1 : \sin v.$$

En faisant tourner $bacd$ autour de ac, le point b décrira $\text{O } ab$, et le point d décrira $\text{O } ed$. Désignons ici par $\odot cd$ le chemin de la ligne cd. Soit, de plus, un polygone quelconque $bfg...$, inscrit dans $\odot ab$. En menant par tous les côtés bf, fg,... des plans $\perp \odot ab$, on formera ainsi dans $\odot cd$ une figure polygonale d'un même nombre de côtés, et l'on pourra démontrer, comme au § 23, que l'on a

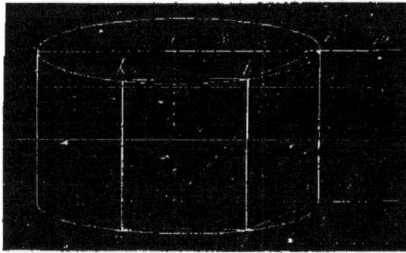

$$cd : ab = dh : bf = hk : fg = \cdots,$$

et par suite

$$dh + hk + \cdots : bf + fg + \cdots = cd : ab.$$

Si l'on fait tendre chacun des côtés bf, fg,... vers la limite zéro, il est clair que l'on aura

$$bf + fg + \cdots \frown \text{O } ab,$$

et

$$dh + hk + \cdots \frown \text{O } ed.$$

On a donc aussi

$$\text{O } ed : \text{O } ab = cd : ab.$$

Or, nous avions déjà

$$\text{O } ed : \text{O } ab = \sin u : \sin v.$$

Par conséquent

$$cd : ab = \sin u : \sin v.$$

Si ac s'éloigne de bd à l'infini, alors le rapport $cd : ab$, et par suite aussi le rapport $\sin u : \sin v$ restent *constants*. Or $u \frown R$ (§ 1), et si $dm \parallel\parallel\parallel bn$, $v \frown z$. Donc $cd : ab = 1 : \sin z$.

Nous désignerons ce chemin cd par $ed \parallel ab$.

§ 28.

Si $bn \parallel\parallel\parallel \rightleftharpoons am$, et que c soit un point de $\overrightarrow{am}$, en posant $ac = x$, on aura (§ 23)

$$X = \sin u : \sin v.$$

Car cd et ae étant $\llcorner bn$, et $bf \llcorner am$, on aura (comme au § 27)

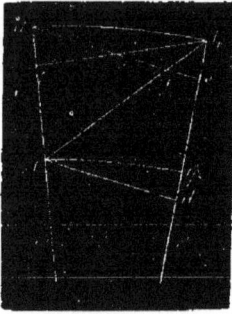

$$\bigcirc bf : \bigcirc cd = \sin u : \sin v.$$

Or, on a évidemment $bf = ae$. Donc

$$\bigcirc ea : \bigcirc dc = \sin u : \sin v.$$

Mais dans les surfaces F de am et de cm, qui coupent $am\,bn$ suivant ab et cg, on a (§ 21)

$$\bigcirc ea : \bigcirc dc = ab : cg = X.$$

Donc aussi

$$X = \sin u : \sin v.$$

§ 29.

Si $bam = R$, $ab = y$, et $bn \;|||\; um$, on aura, dans le système S,

$$Y = \operatorname{cotang} \tfrac{1}{2} u.$$

En effet, si l'on suppose $ab = ac$, $cp \;|||\; am$ (et par suite $bn \;|||\; \angle cp$), et $pcd = qcd$, on peut mener (§ 19) $ds \llcorner \overrightarrow{cd}$, de telle sorte que $ds \;|||\; cp$, et par suite (§ 1) $dt \;|||\; cq$. Si, de plus, $be \llcorner \overrightarrow{ds}$, alors (§ 7) $ds \;|||\; bn$; par conséquent (§ 6), $bn \;|||\; es$, et (à cause de $dt \;|||\; cg$), $vq \;|||\; et$. Donc (§ 1) $ebn = ebq$. Soit bcf une ligne L de bn, et fg, dh, ck, el des lignes L de ft, dt, cq, etc. On aura évidemment (§ 22) $hg = df = dk = hc$; partant $cg = 2\,ch = 2\,v$. Il est clair que l'on a de même $bg = 2\,bl = 2\,z$. Or $bc = bg - gc$; par suite $y = z - v$, d'où (§ 24) $Y = Z : V$. On a enfin (§ 28)

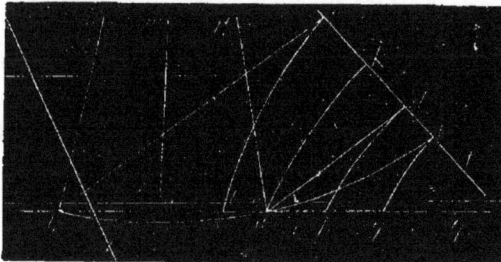

$$Z = 1 : \sin \tfrac{1}{2} u, \qquad V = 1 : \sin (R - \tfrac{1}{2} u).$$

Donc

$$Y = \operatorname{cotang} \tfrac{1}{2} u \; [^*].$$

---

[*] L'angle u est celui que LOBATSCHEWSKY représente par $\Pi\,(ab)$. (Voyez *Études géométriques*, etc., n° 36.) *(H.)*

§ 30.

Il est facile de voir (d'après le § 25) que la résolution du problème de la *Trigonométrie plane*, dans le système S, exige l'expression de la circonférence au moyen du rayon. Or, c'est ce que l'on peut obtenir par la rectification de la ligne L.

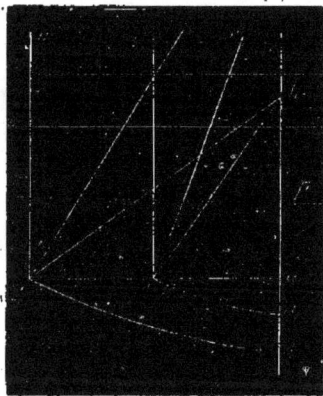

Soient ab, cm, $c'm'$ des droites $\llcorner \overrightarrow{ac}$, et b un point quelconque de $\overrightarrow{ab}$. On aura (§ 25)

$$\sin u : \sin v = \bigcirc p : \bigcirc y,$$

$$\sin u' : \sin v' = \bigcirc p : \bigcirc y';$$

par conséquent,

$$\frac{\sin u}{\sin v} \cdot \bigcirc y = \frac{\sin u'}{\sin v'} \cdot \bigcirc y'.$$

Or, on a (§ 27)

$$\sin v : \sin v' = \cos u : \cos u'.$$

Donc

$$\frac{\sin u}{\cos u} \cdot \bigcirc y = \frac{\sin u'}{\cos u'} \cdot \bigcirc y',$$

ou

$$\bigcirc y : \bigcirc y' = \operatorname{tang} u' : \operatorname{tang} u = \operatorname{tang} w : \operatorname{tang} w'.$$

Soient, de plus, cn et $c'n'$ $|||$ ab, et cd, $c'd'$ des lignes $L \llcorner \overline{ab}$. On aura encore (§ 21)

$$\bigcirc y : \bigcirc y' = r : r',$$

d'où

$$r : r' = \operatorname{tang} w : \operatorname{tang} w'.$$

Faisons croître p à partir de a jusqu'à l'infini : alors $w \smile z$, $w' \smile z'$; d'où il résulte aussi

$$r : r' = \operatorname{tang} z : \operatorname{tang} z'.$$

Désignons par i le rapport *constant* $r : \operatorname{tang} z$ (*indépendant de r*). Si l'on suppose $y \smile 0$, alors

$$\frac{r}{y} = \frac{i \operatorname{tang} z}{y} \smile 1,$$

et par suite

$$\frac{y}{\tan z} = i.$$

D'après le § 29, il vient

$$\tan z = \tfrac{1}{2}(Y - Y^{-1}).$$

Donc

$$\frac{2y}{Y - Y^{-1}} = i,$$

ou (§ 24)

$$\frac{2y \cdot I^{\frac{y}{i}}}{I^{\frac{2y}{i}} - 1} = i.$$

Or, on sait que la limite de cette expression, pour $y = 0$, est $\dfrac{i}{\log \text{nat } I}$. Donc

$$\frac{i}{\log \text{nat } I} = i,$$

et par conséquent

$$I = e = 2,7182848\ldots,$$

nombre qui se présente encore ici d'une manière remarquable. En désignant désormais par i la droite dont le I est $= e$, on aura

$$r = i \tan z.$$

Nous avons d'ailleurs trouvé (§ 21) $\bigcirc y = 2\pi r$. Donc

$$\bigcirc y = 2\pi i \tan z = \pi i (Y - Y^{-1}) = \pi i \left(e^{\frac{y}{i}} - e^{-\frac{y}{i}} \right) [*]$$

$$= \frac{\pi y}{\log \text{nat } Y} (Y - Y^{-1}) \ (\S\ 24).$$

§ 31.

Pour la résolution trigonométrique de tous les triangles recti-lignes rectangles (d'où l'on déduit aisément celle des triangles

---

[*] Ou, en introduisant, pour plus de simplicité, la notation des fonctions hyperboliques,

$$\bigcirc y = 2\pi i \operatorname{Sh} \frac{y}{i}.$$

(H.)

rectilignes quelconques), dans le système S, il suffit de trois équations. Soient a, b les côtés de l'angle droit, c l'hypoténuse; α, β les angles respectivement opposés à a, b. Ces trois équations seront celles qui exprimeront des relations

I. Entre a, c, α;

II. Entre a, α, β;

III. Entre a, b, c.

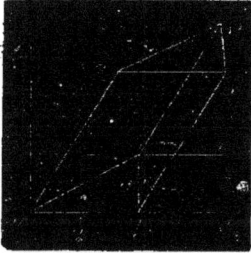

De ces équations on tirera ensuite les trois autres par l'élimination.

I. Des §§ 25 et 30 il résulte

$$1 : \sin\alpha = (C - C^{-1}) : (A - A^{-1})$$

$$= \left(e^{\frac{c}{i}} - e^{-\frac{c}{i}}\right) : \left(e^{\frac{a}{i}} - e^{-\frac{a}{i}}\right),$$

équation entre c, a, α [*].

II. Du § 27 on tire (βm étant $|||$ γn)

$$\cos\alpha : \sin\beta = 1 : \sin u.$$

Or, on a (§ 29) $1 : \sin u = \frac{1}{2}(A + A^{-1})$; donc

$$\cos\alpha : \sin\beta = \frac{1}{2}(A + A^{-1}) = \frac{1}{2}\left(e^{\frac{a}{i}} + e^{-\frac{a}{i}}\right),$$

équation entre α, β, a [**].

III. Soient $\alpha\alpha'$ $\llcorner$ $\beta\alpha\gamma$; $\beta\beta'$ et $\gamma\gamma'$ $||$ $\alpha\alpha'$ (§ 27), et $\beta'\alpha'\gamma'$ $\llcorner$ $\alpha\alpha'$. On aura évidemment (comme au § 27)

$$\frac{\beta\beta'}{\gamma\gamma'} = \frac{1}{\sin u} = \frac{1}{2}(A + A^{-1}),$$

$$\frac{\gamma\gamma'}{\alpha\alpha'} = \frac{1}{2}(B + B^{-1}),$$

$$\frac{\beta\beta'}{\alpha\alpha'} = \frac{1}{2}(C + C^{-1}).$$

---

[*]
$$\sin\alpha \; \mathrm{Sh}\,\frac{c}{i} = \mathrm{Sh}\,\frac{a}{i}.$$

[**]
$$\cos\alpha = \sin\beta \; \mathrm{Ch}\,\frac{a}{i},$$

Par conséquent,

$$\tfrac{1}{2}(C + C^{-1}) = \tfrac{1}{2}(A + A^{-1}) . \tfrac{1}{2}(B + B^{-1}),$$

ou

$$e^{\frac{c}{i}} + e^{-\frac{c}{i}} = \tfrac{1}{2}\left(e^{\frac{a}{i}} + e^{-\frac{a}{i}}\right) . \left(e^{\frac{b}{i}} + e^{-\frac{b}{i}}\right),$$

équation entre a, b, c [*].

Si $\gamma\alpha\partial = R$, et qu'on ait $\beta\partial \perp \alpha\partial$, alors il viendra

$$\bigcirc c : \bigcirc a = 1 : \sin\alpha,$$

et

$$\bigcirc c : \bigcirc (d = \beta\gamma) = 1 : \cos\alpha.$$

En désignant donc par $\bigcirc x^2$, pour une valeur quelconque de x, le produit $\bigcirc x . \bigcirc x$, on aura évidemment

$$\bigcirc a^2 + \bigcirc d^2 = \bigcirc c^2.$$

Or, nous avons trouvé (§ 27 et § 31, II)

$$\bigcirc d = \bigcirc b . \tfrac{1}{2}(A + A^{-1}).$$

Par conséquent [**]

$$\left(e^{\frac{c}{i}} - e^{-\frac{c}{i}}\right)^2 = \tfrac{1}{4}\left(e^{\frac{a}{i}} + e^{-\frac{a}{i}}\right)^2 . \left(e^{\frac{b}{i}} - e^{-\frac{b}{i}}\right)^2 + \left(e^{\frac{a}{i}} - e^{-\frac{a}{i}}\right)^2,$$

autre relation entre a, b, c, dont le second membre se ramène aisément à une forme *symétrique* ou *invariable* [***].

Enfin, des équations

$$\frac{\cos\alpha}{\sin\beta} = \tfrac{1}{2}(B + B^{-1}), \qquad \frac{\cos\beta}{\sin\alpha} = \tfrac{1}{2}(A + A^{-1})$$

---

[*] $\quad \operatorname{Ch}\dfrac{c}{i} = \operatorname{Ch}\dfrac{a}{i}\operatorname{Ch}\dfrac{b}{i}.$

[**] $\quad \operatorname{Sh}^2\dfrac{c}{i} = \operatorname{Ch}^2\dfrac{a}{i}\operatorname{Sh}^2\dfrac{b}{i} + \operatorname{Sh}^2\dfrac{a}{i}.$

[***] $\quad \operatorname{Sh}^2\dfrac{c}{i} = \operatorname{Ch}^2\dfrac{a}{i}\operatorname{Ch}^2\dfrac{b}{i} - 1$

$\qquad\qquad = \operatorname{Sh}^2\dfrac{a}{i}\operatorname{Sh}^2\dfrac{b}{i} + \operatorname{Sh}^2\dfrac{a}{i} + \operatorname{Sh}^2\dfrac{b}{i}.$

on tire (d'après 11)

$$\cot \alpha \cot \beta = \frac{1}{2}\left(e^{\frac{c}{i}} + e^{-\frac{c}{i}}\right) [\ast],$$

équation entre α, β, *c*:

§ 32.

Il reste encore à montrer brièvement le moyen de résoudre les problèmes dans le système S. Après l'avoir expliqué sur les exemples les plus ordinaires, nous verrons enfin ce que peut donner cette théorie.

I. Soit $\overline{ab}$ une ligne dans le plan, et $y = f(x)$ son équation en coordonnées rectangulaires. Désignons par dz un accroissement quelconque de z, et par dx, dy, du les accroissements de x, de y et de l'aire u, correspondants à cet accroissement dz. Soit $bh \parallel cf$; exprimons (§ 31) $\dfrac{bh}{dx}$ au moyen de y, et cherchons la *limite* de $\dfrac{dx}{dy}$, lorsque dx tend vers la limite zéro (ce qui est toujours sous-entendu, lorsqu'on cherche de pareilles limites). On connaîtra alors la limite de $\dfrac{dy}{bh}$, et par suite tang hbg; et par conséquent (hbc ne pouvant évidemment être ni $>$, ni $< R$, et par suite étant $= R$), la *tangente* en b à la ligne bg sera déterminée au moyen de y.

II. On peut démontrer que l'on a

$$\frac{dz^2}{dy^2 + bh^2} = 1.$$

On déduit de là la limite de $\dfrac{dz}{dx}$, et l'on en tire, par l'intégration, l'expression de z au moyen de x. Étant donnée une courbe réelle quelconque, on peut trouver son équation dans le système S. Cher-

---

[$\ast$] $\cot \alpha \cot \beta = \operatorname{Ch} \dfrac{c}{i}.$

chons, par exemple, l'équation d'une ligne L. Soit $\overrightarrow{am}$ l'axe de la ligne L; toute droite menée par a, autre que $\overline{am}$, rencontrant L (§ 19), la droite quelconque $\overrightarrow{cb}$, partant d'un point de $\overline{am}$, rencontrera L. Or, si bn est un axe, on a

$$X = 1 : \sin cbn \ (\S\ 28),$$

$$Y = \cot \tfrac{1}{2} cbn \ (\S\ 29),$$

d'où l'on tire

$$Y = X + \sqrt{X^2 - 1},$$

ou

$$e^{\frac{y}{i}} = e^{\frac{x}{i}} + \sqrt{e^{\frac{2x}{i}} - 1},$$

ce qui est l'équation cherchée [*]. On tire de là

$$\frac{dy}{dx} = X . (X^2 - 1)^{-\frac{1}{2}}.$$

Or

$$\frac{bh}{dx} = 1 : \sin cbn = X.$$

Donc

$$\frac{dy}{bh} = (X^2 - 1)^{-\frac{1}{2}},$$

$$1 + \frac{dy^2}{bh^2} = X^2 . (X^2 - 1)^{-1},$$

$$\frac{dz^2}{bh^2} = X^2 . (X^2 - 1)^{-1},$$

$$\frac{dz}{bh} = X . (X^2 - 1)^{-\frac{1}{2}},$$

et

$$\frac{dz}{dx} = X^2 (X^2 - 1)^{-\frac{1}{2}},$$

[*] On peut écrire cette équation sous la forme

$$\mathrm{Ch} \frac{y}{i} = e^{\frac{x}{i}}.$$

d'où, en intégrant, on tire (comme au § 30)

$$z = i \, (X^2 - 1)^{\frac{1}{2}} = i \, \cot cbn \; [^*].$$

III. On a évidemment

$$\frac{du}{dx} \multimap \frac{hfcbh}{dx}.$$

Si cette quantité n'est pas donnée en y, il faut l'exprimer au moyen de y, puis en tirer u par l'intégration.

En posant $ab = p$, $ac = q$, $cd = r$ et $cabd = s$, on pourra faire voir (comme dans II) que l'on a $\dfrac{ds}{dq} \multimap r$, quantité égale à

$$\tfrac{1}{2} \, p \left(e^{\frac{q}{i}} + e^{-\frac{q}{i}} \right),$$

d'où, en intégrant,

$$s = \tfrac{1}{2} \, pi \left(e^{\frac{q}{i}} - e^{-\frac{q}{i}} \right) \; [^{**}].$$

On peut aussi obtenir ce résultat sans intégration. Si l'on établit, par exemple, les équations du cercle (d'après le § 31, III), de la droite (d'après le § 31, II), d'une section conique (d'après ce qui précède), on pourra exprimer aussi les aires limitées par ces lignes.

On sait qu'une surface t, ∥ à une figure plane p (à la distance q), est à p dans le rapport des secondes puissances des lignes homologues, c'est-à-dire dans le rapport de $\dfrac{1}{4}\left(e^{\frac{q}{i}} + e^{-\frac{q}{i}} \right)^2$: 1. Il est aisé de voir, de plus, que le calcul du volume, traité de la même manière, exige deux intégrations (la différentielle elle-même ne pouvant se déterminer que par l'intégration). Il faut avant tout

---

[*] $z = i \, \text{Sh} \, \dfrac{y}{i}.$

[**] $s = ip \, \text{Sh} \, \dfrac{q}{i}.$

chercher le volume renfermé entre p et t, et l'ensemble de toutes les droites $\llcorner p$ et reliant les limites de p et de t. On trouve, pour le volume de ce solide (soit au moyen de l'intégration, soit autrement)

$$\tfrac{1}{8}\, pi \left(e^{\frac{2q}{i}} - e^{-\frac{2q}{i}} \right) + \tfrac{1}{2}\, pq \;\; [^*].$$

Les surfaces des corps peuvent aussi se calculer dans le système S, ainsi que les *courbures*, les *développées* et les *développantes* des lignes quelconques, etc. Quant à la courbure, dans le système S, ou elle sera la courbure de la ligne L elle-même, ou on la déterminera soit par le rayon d'un cercle, soit par la *distance* d'une droite à la courbe $\parallel$ à cette droite; et il est aisé de faire voir, d'après ce qui précède, qu'il n'y a pas, dans un plan, d'autres lignes uniformes que les lignes L, les lignes circulaires et les courbes $\parallel$ aux lignes droites.

IV. Pour le cercle, on a (comme dans III)

$$\frac{d \odot x}{dx} \;-\; \bigcirc x,$$

d'où (§ 29), en intégrant, on tire

$$\odot\, x = \pi\, i^2 \left(e^{\frac{x}{i}} - 2 + e^{-\frac{x}{i}} \right) \;\; [^{**}]$$

V. Soit $u = cabdc$ l'aire comprise entre une ligne L, $ab = r$, une $\parallel$ à cette ligne $cd = y$, et les droites $ac = bd = x$. On a

$$\frac{du}{dx} \;-\; y, \quad \text{et (§ 24)} \quad y = re^{-\frac{x}{i}},$$

d'où, en intégrant,

$$u = ri \left(1 - e^{-\frac{x}{i}} \right).$$

[^*] $\qquad \tfrac{1}{2}\, p \left(\tfrac{1}{2}\, i\, \mathrm{Sh}\, \dfrac{2q}{i} + q \right).$

[^{**}] $\qquad \odot\, x = 4\, \pi\, i^2\, \mathrm{Sh}^2\, \dfrac{x}{2\,i}.$

Si x croît jusqu'à l'infini, alors, dans le système S, $e^{-\frac{x}{i}} \backsim 0$, et par suite

$$u \backsim ri.$$

C'est cette limite que nous appellerons la *grandeur* de $mabn$.

On verra de la même manière que, si p est une figure tracée sur F, l'espace compris entre p et l'ensemble des axes menés par les divers points du contour de p est égal à $\frac{1}{2} pi$.

VI. Soient $2u$ l'angle au centre de la calotte sphérique z, p la circonférence d'un grand cercle, et x l'arc fc, correspondant à l'angle u. On aura (§ 25)

$$1 : \sin u = p : \bigcirc bc;$$

d'où

$$\bigcirc bc = p \sin u.$$

On a d'ailleurs

$$x = \frac{pu}{2\pi}, \qquad dx = \frac{pdu}{2\pi}.$$

De plus,

$$\frac{dz}{dx} \backsim \bigcirc bc,$$

$$\frac{dz}{du} \backsim \frac{p^2}{2\pi} \sin u,$$

et, en intégrant,

$$z = \frac{\sin \text{verse } u}{2\pi} p^2.$$

Imaginons la surface F sur laquelle est située la circonférence p (passant par le milieu f de la calotte). Menons par af et ac les plans $\overrightarrow{fem}$, $\overrightarrow{cem}$, perpendiculaires à F, et coupant F suivant feg, ce; et considérons la ligne L, cd (menée par c perpendiculairement à feg), et la ligne L, cf. On aura (§ 20) $cef = u$, et (§ 21) $\frac{fd}{p} = \frac{\sin \text{verse } u}{2\pi}$, d'où $z = fd \cdot p$. Or (§ 21) $p = \pi \cdot fdg$; donc

$z \pi. fd. fdg.$ Mais (§ 21) $fd. fdg = fc. fc$; par conséquent,

$$z = \pi. fc. fc = \odot fc, \text{ dans } F.$$

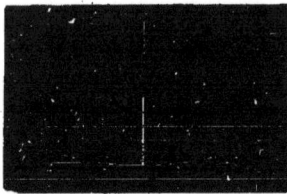

Soit maintenant $b; = cj = r$; on aura (§ 30)

$$2r = i(Y - Y^{-1}),$$

d'où (§ 21)

$$\odot 2r \text{ (dans } F) = \pi i^2 (Y - Y^{-1})^2.$$

On a aussi (IV)

$$\odot 2y = \pi i^2 (Y^2 - 2 + Y^{-2}).$$

Donc $\odot 2r$ (dans F) $= \odot 2y$, et par suite *la surface z du segment de sphère est égale au cercle décrit avec la corde fc comme rayon.* Donc la sphère totale a pour surface

$$\odot fg = fdg. p = \frac{p^2}{\pi},$$

et les surfaces des sphères sont entre elles comme les secondes puissances des circonférences de leurs grands cercles.

VII. On trouve de même que, dans le système S, le volume de la sphère de rayon x est égal à

$$\frac{1}{2} \pi i^2 (X^2 - X^{-2}) - 2 \pi i^2 x \ [*].$$

La surface engendrée par la révolution de la ligne cd autour de ab est égale à

$$\frac{1}{2} \pi ip (Q^2 - Q^{-2}) \ [**],$$

et le solide engendré par $cabdc$ est égal à

$$\frac{1}{4} \pi i^2 p (Q - Q^{-1})^2 \ [***].$$

$$[*] \qquad\qquad \pi i^3 \operatorname{Sh} \frac{2x}{i} - 2 \pi i^2 x.$$

$$[**] \qquad\qquad \pi ip \operatorname{Sh} \frac{2q}{i}.$$

$$[***] \qquad\qquad \pi i^2 p \operatorname{Sh}^2 \frac{q}{i}.$$

Nous supprimons, pour abréger, la méthode par laquelle on peut obtenir sans intégration tous les résultats obtenus jusqu'ici, à partir de (IV).

On peut démontrer que *la limite de toute expression contenant la lettre i* (et fondée par conséquent sur l'hypothèse qu'*il existe une grandeur i*), *lorsque i croît jusqu'à l'infini, donne l'expression correspondante dans le système* Σ (et par suite dans l'hypothèse où *il n'existe pas de grandeur i*), *pourvu qu'il ne se rencontre pas d'équations identiques.* Mais il faut se garder de croire que *le système lui-même puisse être changé à volonté* (car il est entièrement *déterminé en soi et par soi*); c'est seulement l'*hypothèse* qui peut varier, et que l'on peut successivement changer, tant que l'on n'est pas conduit à une absurdité. En *supposant* donc que, dans une telle expression, la lettre i, au cas où le système S serait celui de la réalité, désigne la quantité unique dont le I a pour valeur e; si l'on vient à reconnaître que c'est le système Σ qui est *réellement vrai, imaginons que la limite en question soit prise au lieu de l'expression primitive*. Alors il est évident que *toutes les expressions fondées sur l'hypothèse de la réalité du système S seront* (dans ce cas) *absolument vraies, lors même qu'on ignore complètement si c'est le système* Σ *qui est ou non le système de la réalité.*

Ainsi, par exemple, de l'expression obtenue au § 30 on tire facilement (soit au moyen de la différentiation, soit autrement) la valeur connue dans le système Σ,

$$\bigcirc x = 2\pi x.$$

De I (§ 31) on conclut, par des transformations convenables,

$$1 : \sin \alpha = c : a ;$$

de II on tire

$$\frac{\cos \alpha}{\sin \beta} = 1,$$

et par suite

$$\alpha + \beta = R.$$

La *première* équation de III devient identique, et par suite elle est vraie dans le système Σ, quoiqu'elle n'y détermine rien. De la *seconde* on conclut

$$c^2 = a^2 + b^2.$$

Ce sont là les équations fondamentales connues de la Trigonométrie plane dans le système Σ. On trouve, de plus (d'après le § 32), dans le système Σ, pour l'aire et le volume dans III, la même valeur pq. On a, d'après IV,

$$\odot x = \pi\, x^2.$$

D'après VII, la sphère de rayon x est $= \frac{4}{3}\,\pi\, x^3$, etc. Les théorèmes énoncés à la fin de VI sont évidemment *vrais sans conditions*.

§ 33.

Il reste encore à exposer (comme nous l'avons annoncé au § 32) quel est le but de cette théorie.

I. **Est-ce le système Σ ou le système S qui a lieu dans la réalité ?** C'est ce qu'on ne saurait décider.

II. **Toutes les hypothèses tirées de la *fausseté* de l'Axiôme XI** (en prenant toujours ces mots dans le sens du § 32) sont *absolument vraies,* et en ce sens, *ne s'appuient sur aucune hypothèse.* Il y a donc *une Trigonométrie plane* a priori, *dans laquelle le système seul vrai reste inconnu,* et où l'on ignore seulement les grandeurs *absolues* des expressions, mais où un *seul* cas connu fixerait évidemment tout le système. La Trigonométrie sphérique, au contraire, est établie d'une manière absolue au § 26.

On a, sur la surface F, une géométrie entièrement analogue à la géométrie plane dans le système Σ.

III. **S'il était *établi* que c'est le système Σ qui a lieu, il ne resterait plus rien d'inconnu sur ce point. Mais s'il était *établi* que le système Σ *n'est pas vrai,* alors (§ 31), *étant donnés,* par exemple, *d'une manière concrète,* les côtés x, y et l'angle rectiligne qu'ils comprennent, il est clair qu'il serait impossible en soi et par soi de résoudre absolument le triangle, c'est-à-dire de déterminer *a priori* les autres angles et les rapports du troisième côté aux deux côtés donnés, à moins que l'on ne déterminât les quantités X, Y. Pour cela, il faudrait que l'on eût *sous forme concrète* quelque longueur a dont le A fût connu. Alors i serait l'*unité naturelle de longueur* (comme e est la base des logarithmes *naturels*). Si l'existence de cette quantité i est supposée reconnue, nous verrons comment on peut la construire, au moins avec une grande approximation, pour la pratique.

IV. Dans le sens expliqué (I et II), on pourra évidemment appliquer partout la méthode analytique moderne (si utile, lorsqu'on l'emploie dans des limites convenables).

V. Enfin, le lecteur ne sera pas fâché de voir que, dans le cas où c'est le système $\dot{S}$, et non le système Σ, qui a réellement lieu, on peut construire une figure rectiligne égale à un cercle.

§ 34.

Par d, on mènera $dm \,|||\, an$ de la manière suivante. Du point d abaissons $db \perp an$; en un point quelconque a de la droite $\overline{ab}$, élevons $ac \perp an$ (dans le plan dba), et abaissons $de \perp ac$. On aura (§ 27)

$$\bigcirc ed : \bigcirc ab = 1 : \sin z,$$

pourvu que dm soit $|||\, bn$. Or, $\sin z$ n'est pas > 1; donc ab n'est pas $> de$. Donc un quadrant décrit du centre a dans bac, avec un rayon $= de$, aura un point b ou o commun avec $\overrightarrow{bd}$. Dans le premier cas, on a évidemment $z = R$. Dans le second cas, on aura (§ 25)

$$\bigcirc ao\, (= \bigcirc ed) : \bigcirc ab = 1 : \sin aob,$$

et par suite $z = aob$. Si donc on prend $z = aob$, dm sera $|||\, bn$.

§ 35.

Si c'est le système S qui a lieu, on pourra, comme il suit, mener une droite $\perp$ à l'un des côtés d'un angle aigu, et qui soit en même temps $|||$ à l'autre côté.

Soit $am \llcorner bc$, et supposons $ab = ac$ assez petit (§ 19) pour que, si l'on mène $bn \lllangle am$ (§ 34), abn soit $>$ que l'angle donné.

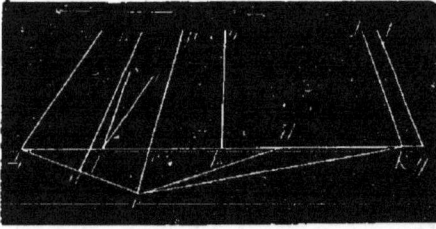

Menons, de plus, $cp \lllangle am$ (§ 34), et soient nbg, pcd égaux l'un et l'autre à l'angle donné. $\overrightarrow{bg}$ et $\overrightarrow{cd}$ se rencontreront; car si $\overrightarrow{bg}$ (tombant, *par construction*, à l'intérieur de nbc) coupe $\overrightarrow{cp}$ en e, on aura (à cause de $bn \stackrel{\frown}{\llcorner} cp$) $ebc < ecb$, et par suite $ec < eb$. Soient $ef = ec$, $efr = ecd$, et $fs \lllangle ep$; fs tombera dans l'angle bfr. Car, puisque $bn \lllangle cp$, d'où $bn \lllangle ep$, et $bn \lllangle fs$, on aura (§ 14) $fbn + bfs < 2\,R = fbn + bfr$. Donc $bfs < bfr$. Par conséquent, $\overrightarrow{fr}$ coupe $\overrightarrow{ep}$, et par suite $\overrightarrow{cd}$ coupe aussi $\overrightarrow{eg}$ quelque part en d. Soient maintenant $dg = dc$, et $dgt = dcp = gbn$. On aura (à cause de $cd \stackrel{\frown}{\backsim} gd$) $bn \stackrel{\frown}{\llcorner} gt \stackrel{\frown}{\llcorner} cp$. Soit k (§ 19) le point où la ligne L de bn rencontre $\overrightarrow{bg}$, et kl l'axe de cette ligne L. On aura $bn \stackrel{\frown}{\llcorner} kl$, et par suite $bkl = bgt = dcp$. D'ailleurs, $kl \stackrel{\frown}{\llcorner} cp$. Donc k tombe évidemment en g, et $gt \lllangle bn$. Si l'on élève maintenant $ho \llcorner$ sur le milieu de bg, on aura construit $ho \lllangle bn$.

§ 36.

Étant donnés la droite $\overrightarrow{cp}$ et le plan $\overline{mab}$, soit $cb \llcorner \overline{mab}$, bn (dans $\overrightarrow{bcp}$) $\llcorner bc$, et $cq \lllangle bn$ (§ 34). La rencontre de $\overrightarrow{cp}$ (si cette

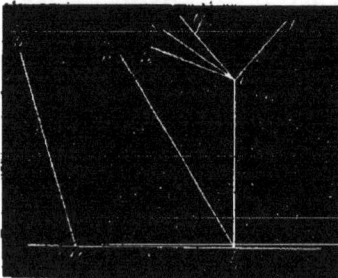

ligne tombe à l'intérieur de bcq) avec $\overrightarrow{bn}$ (dans $\overrightarrow{cbn}$), et par suite avec $\overline{mab}$, peut se déterminer. Et si l'on donne les deux plans $\overline{pcq}$, $\overline{mab}$, et que l'on ait $cb \llcorner \overline{mab}$, $cr \llcorner \overline{pcq}$, et (dans $\overrightarrow{bcr}$), $bn \llcorner bc$, $cs \llcorner cr$, bn tombera dans $\overline{mab}$, et cs dans $\overline{pcq}$; et lorsqu'on aura trouvé l'intersection de $\overrightarrow{bn}$ et de $\overrightarrow{cs}$ (si elle a lieu), la perpendiculaire menée par cette intersection, dans pcq, à la droite $\overrightarrow{cs}$ sera sera évidemment l'intersection de $\overline{mab}$ et de $\overline{pcq}$.

§ 37.

Sur $\overline{am}$ ||| bn il se trouve un point a, tel qu'on a $am \perp\!\!\!\!\backsim bn$.

Si (d'après le § 34) on construit, hors de $\overline{nbm}$, gt ||| bn, et qu'on fasse $bg \perp gt$, $gc = gb$, et cp ||| gt; soit mené $\overrightarrow{tgd}$ de telle manière qu'il fasse avec $\overrightarrow{tgb}$ un angle égal à celui que fait $\overrightarrow{pca}$ avec $\overrightarrow{pcb}$. Cherchons ensuite (§ 36) l'intersection $\overline{dq}$ de $\overrightarrow{tgd}$ avec $\overline{nba}$, et soit enfin $ba \perp dq$.

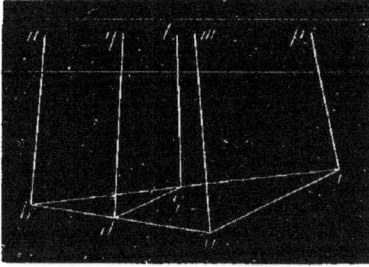

On aura, à cause de la similitude des triangles de lignes L tracés sur le F de bn (§ 21), $db = da$, et $am \perp\!\!\!\!\backsim bn$.

Il est facile d'en conclure que, des lignes L étant données par leurs seules extrémités, on peut obtenir de cette manière, dans F, une quatrième proportionnelle, ou une moyenne proportionnelle, et exécuter, sans recourir à l'Axiôme XI, toutes les constructions géométriques qui se font sur le plan dans le systême Σ. Ainsi, par exemple, on pourra diviser géométriquement $4\,R$ en un nombre quelconque de parties égales, si l'on sait faire cette division dans le systême Σ.

§ 38.

Si l'on construit (§ 37) par exemple, $nbq = \frac{1}{3}\,R$, et qu'on mène (§ 35), dans le système S, $am \perp \overrightarrow{bq}$ et ||| bn; si l'on dé-termine, de plus (§ 37), $jm \perp\!\!\!\!\backsim bn$, on aura, en posant $ja = x$ (§ 28),

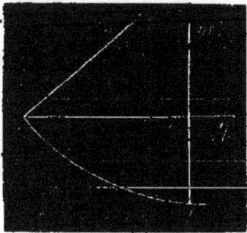

$$X = 1 : \sin \tfrac{1}{3}\,R = 2,$$

et x sera construit *géométriquement*. On peut calculer nbq de manière que ja diffère de i aussi peu que l'on voudra, ce qui aura lieu pour $\sin nbq = \frac{1}{i}$.

§ 39.

Si (dans un plan) pq et st sont || à la droite mn (§ 27), et que les perpendiculaires ab, cd à mn soient égales entre elles, on aura évidemment $\triangle\, dec = \triangle\, bea$; par suite, les angles (peut-être mixtilignes) ecp, eat coïncideront, et l'on aura $ec = ea$. Si, de plus, $cf = ag$, alors $\triangle\, acf = \triangle\, cag$, et chacun d'eux est la moitié du *quadrilatère fagc*. Si *fagc*, *hagk* sont deux de ces quadrilatères, de base ag, compris entre pq et st, on démontrera leur équivalence (comme chez Euclide), ainsi que l'équivalence des triangles agc, agh, de base commune ag, et ayant leurs sommets sur $\overrightarrow{pq}$. On a, de plus, $acf = cag$, $gcq = cga$, et $acf + agc + gcq = 2\,R$ (§ 32); par suite, on a aussi $cag + acg + cga = 2\,R$. Donc, dans tout triangle acg de cette espèce, la somme des angles $= 2\,R$. Soit que la droite ag coïncide avec ag ($\parallel mn$), ou non, l'équivalence des triangles agc, agh, *tant sous le rapport de leurs aires que sous celui de la somme de leurs angles,* est évidente.

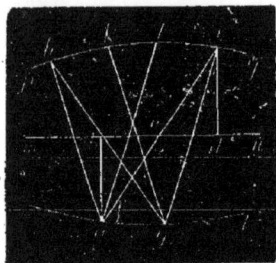

§ 40.

Des triangles équivalents abc, abd (que nous supposerons désormais rectilignes), ayant un côté égal, ont des sommes d'angles égales.

Menons, en effet, mn par les milieux de ac et de bc, et soit (par le point c) $pq \parallel mn$. Le point d tombera sur $\overrightarrow{pq}$. Car, si $\overrightarrow{bd}$ coupe mn au point e, et par conséquent $\overrightarrow{pq}$ à la distance $ef = eb$, on aura $\triangle abc = \triangle abf$, et par suite aussi $\triangle abd = \triangle abf$, d'où il s'ensuit que d tombe en f. Mais si $\overrightarrow{bd}$ ne coupe pas mn, soit c le point où la perpendiculaire au milieu de ab rencontre $\overrightarrow{pq}$, et soit $gs = ht$, de sorte que $\overrightarrow{st}$ rencontre $\overrightarrow{bd}$ prolongée en un certain point k (ce qui peut se faire comme on l'a vu au § 4). Soient, de plus, $sl = sa$, $la \parallel st$, et o l'intersection de $\overrightarrow{bk}$ avec $\overrightarrow{lo}$. On aurait alors $\triangle abl = \triangle abo$ (§ 39), et par suite $\triangle abc > \triangle abd$, ce qui serait contraire à l'hypothèse.

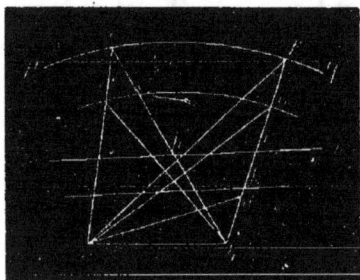

§ 41.

Des triangles équivalents a b c, def ont des sommes d'angles égales.

Menons mn par les milieux de ac et de bc, et pq par les milieux de df et de fe; et soient $rs \parallel mn$, $to \parallel pq$. La perpendiculaire ag à rs sera égale à la perpendiculaire dh à to, ou elle en différera; par exemple, dh sera la plus grande. Dans chacun de ces deux cas, la $\bigcirc df$, décrite du centre a, aura avec $\overrightarrow{gs}$ quelque point commun k, et alors (§ 39) on aura $\triangle abk = \triangle abc = \triangle def$. Or, le $\triangle akb$ (§ 40) a même somme d'angles que le $\triangle def$, et (§ 39) même somme d'angles que le $\triangle abc$. Donc les triangles abc, def ont même somme d'angles.

Dans le système S, la réciproque de ce théorème est vraie. Soient, en effet, abc, def deux triangles ayant même somme d'angles, et $\triangle bal = \triangle def$. Ces derniers triangles auront, d'après ce qui précède, la même somme d'angles, et il en sera par suite de même des triangles abc, abl. Il résulte de là évidemment

$$bcl + blc + cbl = 2\,R.$$

Or (§ 31) la somme des angles de tout triangle, dans le système S, est $< 2\,R$. Donc l tombe nécessairement en c.

§ 42.

Soit u le *supplément* à $2\,R$ de la somme des angles du $\triangle abc$, v le *supplément* à $2\,R$ de la somme des angles du $\triangle def$. On aura

$$\triangle abc : \triangle def = u : v.$$

Soit, en effet, p la valeur commune de chacun des triangles acg, gch, hcb, dfk, kfe, et soit $\triangle abc = mp$, $\triangle def = np$. Désignons par s la somme des angles d'un quelconque des triangles égaux à p. On aura évidemment $2\,R - u = ms - (m-1).\,2\,R = 2\,R - m\,(2\,R - s)$, et $u = m\,(2\,R - s)$; de même $v = n\,(2\,R - s)$. Donc $\triangle abc : \triangle def = m : n = u : v$. La démonstration s'étend sans peine au cas de l'incommensurabilité des triangles abc, def.

On démontre de la même manière que les triangles sur la surface de la sphère sont entre eux comme les excès des sommes de leurs angles sur $2\,R$. Si deux des angles du $\triangle$ sphérique sont droits, le troisième z sera l'*excès* en question. Or, en désignant par p la circonférence d'un grand cercle, ce $\triangle$ est évidemment $= \dfrac{z}{2\pi} \cdot \dfrac{p^2}{2\pi}$ (§ 32, VI). Par conséquent, un triangle quelconque dont l'excès des angles sur $2\,R$ est z, est $= \dfrac{zp^2}{4\pi^2}$.

§ 43.

Ainsi, dans le système S, l'aire d'un $\triangle$ rectiligne s'exprime au moyen de la somme des angles. Si ab croît jusqu'à l'infini, alors (§ 42) le rapport $\triangle abc : (R - u - v)$ sera constant. Or $\triangle abc \frown bacn$ (§ 32, V), et $R - u - v \frown z$ (§ 1). Donc

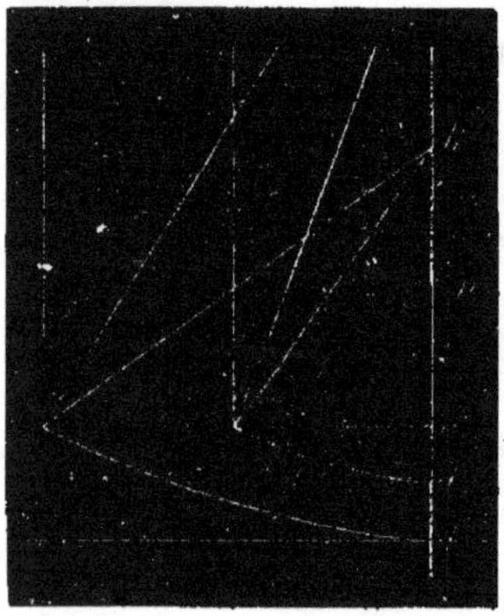

$$bacn : z = \triangle abc : (R - u - v) = bac'n' : z'.$$

On a, de plus, évidemment (§ 30)

$$bdcn : bd'c'n' = r : r' = \tang z : \tang z'.$$

Or, pour $y' \frown 0$, on a

$$\frac{bd'c'n'}{bac'n'} \frown 1,\ \text{et aussi}\ \frac{\tang z'}{z'} \frown 1.$$

Par conséquent,

$$bdcn : bacn = \tang z : z.$$

Mais nous avons trouvé (§ 32)

$$bdcn = r.i = i^2\,\tang z.$$

Donc

$$bacn = z.\, i^2.$$

En désignant désormais, pour abréger, par $\triangle$ tout triangle dont le supplément de la somme des angles est z, nous aurons ainsi

$$\triangle = z.\, i^2.$$

On conclut de là facilement que, si $or \,|||\, am$ et $ro \,|||\, ab$, l'*aire* comprise entre $\overline{or}, \overline{st}, \overline{bc}$ (laquelle est évidemment la limite absolue de l'aire des triangles rectilignes indéfiniment croissants, ou la limite de $\triangle$ pour $z \frown 2\,R$), sera égale à $\pi i^2 = \odot i$ (dans F). En désignant cette limite par $\square$, on aura encore (§ 30)

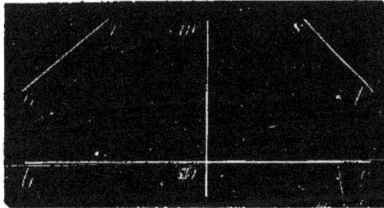

$$\pi i^2 = \tan^2 z.\; \square = \odot r \text{ (dans } F) \text{ (§ 21)}$$

$$= \odot s \text{ (§ 32, VI)},$$

en représentant la corde cd par s. Si maintenant, au moyen d'une perpendiculaire élevée sur le milieu du rayon donné s du cercle dans un plan (ou du rayon de forme L du cercle dans F), on construit (§ 34) $db \,|||\, \underline{\frown} cn$; en abaissant $ca \,\llcorner\, db$, et élevant $cm \,\llcorner\, ca$, on aura z; d'où (§ 37), en prenant arbitrairement un rayon de forme L pour unité, *on pourra déterminer géométriquement* $\tan^2 z$, *au moyen de deux lignes uniformes de même courbure* (lesquelles, leurs seules extrémités étant données, et leurs axes construits, pourront évidemment être traitées comme des droites dans la recherche de leur commune mesure, et équivaudront sous ce rapport à des droites).

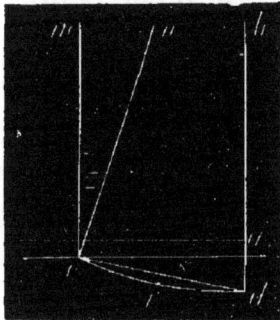

On peut, en outre, construire comme il suit un quadrilatère, par exemple, un quadrilatère régulier, d'aire $= \square$. Soit $abc = R$, $bac = \frac{1}{2}\,R$, $acb = \frac{1}{4}\,R$, et $bc = x$. On pourra exprimer X (§ 31, II) par de simples racines carrées, et le construire (§ 37).

Connaissant X, on pourra déterminer x (§ 38, ou encore §§ 29 et 35). L'octuple du $\triangle abc$ est évidemment $= \square$, et par là *un cercle plan se trouve carré géométriquement au moyen d'une figure rectiligne et de lignes uniformes de même espèce (c'est-à-dire de lignes équivalentes à des droites quant à leur comparaison entre elles)*. *Un cercle de la surface F est planifié* de la même manière; alors ou *l'Axiôme XI d'Euclide est vrai*, ou *l'on a la quadrature géométrique du cercle*, quoique rien jusqu'ici ne décide laquelle des deux propositions a réellement lieu.

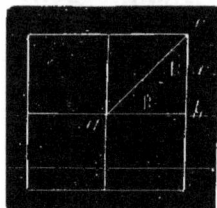

Toutes les fois que $\mathrm{tang}^2 z$ est ou un nombre entier, ou un nombre fractionnaire rationnel, dont le dénominateur (après réduction à la plus simple expression) est ou un nombre premier de la forme $2^m + 1$ (dont $2 = 2^0 + 1$ est un cas particulier), ou un produit d'autant de nombres premiers de cette forme que l'on voudra, dont chacun (à l'exception de 2, qui peut seul entrer un nombre quelconque de fois) n'entre qu'*une seule fois* comme facteur; on pourra, par la théorie des polygones donnée par Gauss (et pour de telles valeurs de z seulement), construire une figure rectiligne $= \mathrm{tang}^2 z = \odot s$. Car la division de $\square$ (le théorème du § 42 s'étendant facilement à des polygones quelconques) exige évidemment le partage de $2 R$, lequel (comme on peut le démontrer) n'est possible géométriquement que sous la condition précédente. Dans tous les cas pareils, ce qui précède conduit facilement au but; et toute figure rectiligne peut être transformée géométriquement en un polygone régulier de n côtés, si n est de la forme indiquée par Gauss.

Il resterait encore, pour compléter entièrement nos recherches, à démontrer l'impossibilité de décider (sans avoir recours à quelque hypothèse) si c'est le système Σ, ou quelqu'un des systèmes S (et lequel) qui a lieu réellement. C'est ce que nous réserverons pour une occasion plus favorable.

REMARQUES SUR LE MÉMOIRE PRÉCÉDENT,

PAR W. BOLYAI.

(Tentamen, t. II, p. 380 et suiv.)

Qu'il me soit permis d'ajouter ici quelques remarques appartenant à l'auteur de l'*Appendice,* qui voudra bien me pardonner si je n'ai pas toujours bien rendu sa pensée.

Les formules de la Trigonométrie sphérique (démontrées dans le Mémoire précédent, indépendamment de l'Axiôme XI d'Euclide) *coïncident avec les formules de la Trigonométrie plane, lorsque l'on considère* (pour nous servir d'une façon de parler provisoire) *les côtés d'un triangle sphérique comme réels, ceux d'un triangle rectiligne comme imaginaires;* de sorte que, lorsqu'il s'agit des formules trigonométriques, on peut regarder le plan comme une sphère imaginaire, en prenant pour sphère réelle celle dans laquelle $\sin R = 1$.

On démontre (§ 30) qu'il existe une certaine quantité i (dans le cas où l'Axiôme d'Euclide n'a pas lieu), telle que la quantité correspondante I est égale à la base e des logarithmes naturels. Dans ce cas, on établit encore (§ 31) les formules de la Trigonométrie plane, et de telle manière (§ 32, VII) que les formules sont encore vraies pour le cas de la réalité de l'axiôme en question, en prenant les limites des valeurs pour $i \frown \infty$. Ainsi le système euclidien est en quelque sorte la limite du système anti-euclidien pour $i \frown \infty$. Prenons, dans le cas de l'existence de i, l'unité $= i$, et étendons les définitions des sinus et des cosinus aux arcs imaginaires, de sorte que, p désignant un arc soit réel, soit imaginaire, l'expression

$$\frac{e^{p\sqrt{-i}} + e^{-p\sqrt{-i}}}{2}$$

soit toujours appelée le *cosinus* de p, et l'expression

$$\frac{e^{p\sqrt{-1}} - e^{-p\sqrt{-1}}}{2\sqrt{-1}}$$

le *sinus* de p.

On aura alors, pour q réel,

$$\frac{e^q - e^{-q}}{2\sqrt{-1}} = \frac{e^{-q\sqrt{-1}}.\sqrt{-1} - e^{q\sqrt{-1}}.\sqrt{-1}}{2\sqrt{-1}}$$

$$' = \sin\left(-q\sqrt{-1}\right) = -\sin\left(q\sqrt{-1}\right),$$

et de même

$$\frac{e^q + e^{-q}}{2} = \frac{e^{-q\sqrt{-1}}.\sqrt{-1} + e^{q\sqrt{-1}}.\sqrt{-1}}{2}$$

$$= \cos\left(-q\sqrt{-1}\right) = \cos\left(q\sqrt{-1}\right),$$

en admettant que, dans le cercle imaginaire comme dans le cercle réel, les sinus de deux arcs égaux et de signe contraire soient égaux et de signe contraire, et que les cosinus de deux arcs égaux et de signe contraire soient égaux et de même signe.

On démontre, au § 25, d'une manière absolue, c'est-à-dire indépendamment de l'axiôme en question, que, dans tout triangle rectiligne, *les sinus des angles sont entre eux comme les circonférences qui ont pour rayons les côtés opposés à ces angles*. On démontre en outre, pour le cas de l'existence de la quantité i, que la circonférence de rayon y est égale à $\pi i \left(e^{\frac{y}{i}} - e^{-\frac{y}{i}}\right)$, ce qui, pour $i = 1$, devient $\pi \left(e^y - e^{-y}\right)$.

Par suite (§ 31), dans un $\triangle$ rectiligne rectangle dont les côtés de l'angle droit sont a et b, et l'hypoténuse c, et dont les angles opposés aux côtés a, b, c sont α, β, R, on a (pour $i = 1$) :

D'après I,

$$1 : \sin\alpha = \pi\left(e^c - e^{-c}\right) : \pi\left(e^a - e^{-a}\right),$$

et par conséquent,

$$1 : \sin \alpha = \frac{e^c - e^{-c}}{2\sqrt{-1}} : \frac{e^a - e^{-a}}{2\sqrt{-1}}$$

$$= - \sin\left(c\sqrt{-1}\right) : - \sin\left(a\sqrt{-1}\right)$$

$$= \sin\left(c\sqrt{-1}\right) : \sin\left(a\sqrt{-1}\right);$$

D'après II,

$$\cos \alpha : \sin \beta = \cos\left(a\sqrt{-1}\right) : 1;$$

D'après III,

$$\cos\left(c\sqrt{-1}\right) = \cos\left(a\sqrt{-1}\right) . \cos\left(b\sqrt{-1}\right).$$

Ces formules, comme toutes les formules de Trigonométrie plane qui en découlent, coïncident complètement avec les formules de la Trigonométrie sphérique, à cela près que si, par exemple, les côtés et les angles d'un $\triangle$ rectiligne rectangle sont désignés par les mêmes lettres que ceux d'un $\triangle$ sphérique rectangle, les côtés du $\triangle$ rectiligne devront être divisés par $\sqrt{-1}$ pour que l'on obtienne les formules relatives au $\triangle$ sphérique.

Il vient ainsi, pour un $\triangle$ sphérique,

par I, $1 : \sin \alpha = \sin c : \sin a$;

par II, $1 : \cos a = \sin \beta : \cos \alpha$;

par III, $\cos c = \cos a \cos b$.

Le lecteur pouvant se trouver arrêté par l'omission d'une démonstration (p. 49), il ne sera pas inutile de faire voir, par exemple, comment de l'équation

$$e^{\frac{c}{i}} + e^{-\frac{c}{i}} = \tfrac{1}{2}\left(e^{\frac{a}{i}} + e^{-\frac{a}{i}}\right)\left(e^{\frac{b}{i}} + e^{-\frac{b}{i}}\right)$$

on déduit la formule

$$c^2 = a^2 + b^2,$$

ou le théorème de Pythagore pour le système euclidien. C'est pro-

bablement ainsi que l'auteur y est parvenu, et les autres conséquences s'en tirent d'une manière analogue.

On a, par la formule connue,

$$e^{\frac{k}{i}} = 1 + \frac{k}{i} + \frac{k^2}{2i^2} + \frac{k^3}{2.3.i^3} + \frac{k^4}{2.3.4.i^4} + \cdots,$$

$$e^{-\frac{k}{i}} = 1 - \frac{k}{i} + \frac{k^2}{2i^2} - \frac{k^3}{2.3.i^3} + \frac{k^4}{2.3.4.i^4} - \cdots,$$

et par suite

$$e^{\frac{k}{i}} + e^{-\frac{k}{i}} = + 2 \frac{k^2}{i^2} + \frac{k^4}{3.4\, i^4} + \cdots = 2 + \frac{k^2 + u}{i^2},$$

en désignant par $\frac{u}{i^2}$ la somme de tous les termes qui suivent $\frac{k^2}{i^2}$;
et l'on a $u \sim 0$, lorsque $i \sim \infty$. Car tous les termes qui suivent
$\frac{k^2}{i^2}$ étant divisés par i^2, le premier de ces termes sera $\frac{k^4}{3.4.i^2}$; et
comme le rapport d'un terme au précédent est partout $< \frac{k^2}{i^2}$, la
somme est moindre qu'elle ne serait, si ce rapport était $= \frac{k^2}{i^2}$, c'est-
à-dire moindre que

$$\frac{k^4}{3.4.i^2} : \left(1 - \frac{k^2}{i^2}\right) = \frac{k^4}{3.4\,(i^2 - k^2)},$$

quantité qui évidemment ~ 0 lorsque $i \sim \infty$. De l'équation

$$e^{\frac{c}{i}} + e^{-\frac{c}{i}} = \frac{1}{2}\left(e^{\frac{a+b}{i}} + e^{-\frac{a+b}{i}} + e^{\frac{a-b}{i}} + e^{-\frac{a-b}{i}}\right)$$

il résulte (en appelant w, v, λ des quantités analogues à u)

$$2 + \frac{c^2 + w}{i^2} = \frac{1}{2}\left(2 + \frac{(a+b)^2 + v}{i^2} + 2 + \frac{(a-b)^2 + \lambda}{i^2}\right),$$

d'où

$$c^2 = \frac{a^2 + 2ab + b^2 + a^2 - 2ab + b^2 + v + \lambda - w}{2},$$

quantité qui $\sim a^2 + b^2$.

REMARQUE. — Le rayon de la sphère dans laquelle le sinus total $1 = i$ est l'ordonnée y d'une ligne L, égale à $i = 1$ et menée par une des extrémités de L perpendiculairement à l'axe passant par l'autre extrémité. Car, dans la surface appelée F (§ 21), *toute la Géométrie euclidienne a lieu, les lignes L jouant le rôle des lignes droites;* et pour un rayon de forme L égal à 1, lequel sera le sinus total dans F, le rayon de la même circonférence dans son plan sera le y en question; ce qui s'applique facilement à la sphère imaginaire à laquelle le plan se ramène dans le système anti-euclidien.

<hr>

(*Kurzer Grundriss u. v. w.*, p. 82).

Lobatschewsky et l'Auteur de l'*Appendix* considèrent l'un et l'autre deux points a, b de la sphère-limite et les axes correspon-

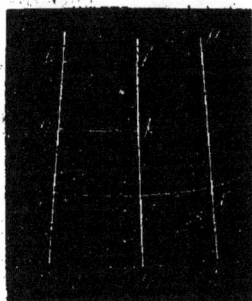

dants $\overrightarrow{am}$, $\overrightarrow{bn}$ (§ 23). Ils démontrent que, si α, β, γ désignent les arcs de cercle-limite ab, cd, hl, séparés par les segments d'axe $ac = 1$, $ah = x$, on a

$$\frac{\alpha}{\gamma} = \left(\frac{\alpha}{\beta}\right)^x.$$

Lobatschwesky représente la valeur de $\frac{\gamma}{\alpha}$ par e^{-x}, e ayant une valeur quelconque > 1, dépendante de l'unité de longueur qu'on a choisie, et pouvant être supposée égale à la base népérienne.

L'auteur de l'*Appendix* est conduit directement à introduire la base des logarithmes naturels. Si l'on pose $\frac{\alpha}{\beta} = \delta$, et que γ, γ' soient des arcs situés aux distances y, i de α, on aura

$$\frac{\alpha}{\gamma} = \delta^y = Y, \qquad \frac{\alpha}{\gamma'} = \delta^i = I,$$

d'où

$$Y = I^{\frac{y}{i}}.$$

Il démontre ensuite (§ 29) que, si u est l'angle que fait une droite avec la perpendiculaire y à sa parallèle, on a

$$Y = \cot \tfrac{1}{2} u.$$

Si l'on pose donc $z = \dfrac{\pi}{2} - u$, il viendra

$$Y = \tang \left(z + \tfrac{1}{2} u\right) = \frac{\tang z + \tang \tfrac{1}{2} u}{1 - \tang z \tang \tfrac{1}{2} u},$$

d'où l'on tire, en ayant égard à la valeur de $\tang \tfrac{1}{2} u = Y^{-1}$,

$$\tang z = \tfrac{1}{2} (Y - Y^{-1}) = \tfrac{1}{2} (I^{\frac{y}{i}} - I^{-\frac{y}{i}}) \ (\text{§ 30}).$$

Si maintenant y est la demi-corde de l'arc de cercle-limite $2r$, on prouve (§ 30) que $\dfrac{r}{\tang z} = $ constante. En représentant par i cette constante, et faisant tendre y vers zéro, on aura $\dfrac{2r}{2y} - 1$, d'où

$$2y - 2i \tang z - i \frac{I^{\frac{2y}{i}} - 1}{I^{\frac{y}{i}}},$$

ou en posant $\dfrac{2y}{i} = k$, $I = e^l$,

$$k I^{\frac{y}{i_2}} - e^{k l} - 1 - k l (1 + \omega),$$

ω étant infiniment petit en même temps que k. Donc, à la limite, $1 = l$, et par suite $I = e$.

La circonférence tracée sur la sphère-limite avec l'arc r de courbe-limite pour rayon, a pour longueur $2\pi r$. Donc

$$\bigcirc y = 2\pi r = 2\pi i \tang z = \pi i (Y - Y^{-1}).$$

Dans le $\triangle$ rectiligne où α, β désignent les angles opposés aux côtés a, b, on a (§ 25)

$$\sin \alpha : \sin \beta = \bigcirc a : \bigcirc b = \pi i (A - A^{-1}) : \pi i (B - B^{-1})$$
$$= \sin(a\sqrt{-1}) : \sin(b\sqrt{-1}).$$

Ainsi dans la Trigonométrie plane comme dans la Trigonométrie sphérique, les sinus des angles sont entre eux comme les sinus des côtés opposés, si ce n'est que, sur la sphère, les côtés sont réels, et que dans le plan on doit les considérer comme imaginaires, de même que si le plan était une sphère imaginaire.

On peut arriver à cette proposition sans avoir déterminé préalablement la valeur de I. Si l'on désigne, en effet, la constante $\dfrac{r}{\tang z}$ par q, on aura, comme précédemment,

$$\bigcirc\, y = \pi q\,(Y - Y^{-1}),$$

d'où l'on déduit la même proportion que ci-dessus, en prenant pour i la distance pour laquelle le rapport I est égal à e.

Si l'axiôme XI n'est pas vrai, il existe un i déterminé, qu'il faut substituer dans les formules. Si, au contraire, cet axiôme est vrai, il faudra faire dans les formules $i = \infty$. Car, dans ce cas, la quantité $\dfrac{\alpha}{\gamma} = Y$ est toujours $= 1$, la sphère-limite étant un plan, et les axes étant des parallèles dans le sens d'Euclide. L'exposant $\dfrac{y}{i}$ doit donc être nul, et par suite $i = \infty$.

Il est facile de voir que nos formules de Trigonométrie plane s'accordent avec celles de Lobatschewsky. Prenons, par exemple la formule de l'art. 37, p. 30,

$$\tang \Pi\,(a) = \sin B \,\tang \Pi\,(p),$$

a étant l'hypoténuse d'un $\triangle$ rectangle, p un côté de l'angle droit, et B l'angle opposé à ce côté. Notre formule du § 31, I, donne

$$1 : \sin B = (A - A^{-1}) : (P - P^{-1}).$$

Or, en faisant, pour abréger, $\tfrac{1}{2}\,\Pi\,(k) = k'$, on a

$$\tang 2\,p' : \tang 2\,a' = (\cot a' - \tang a') : (\cot p' - \tang p')$$
$$= (A - A^{-1}) : (P - P^{-1})$$
$$= 1 : \sin B.$$

Défauts constatés sur le document original

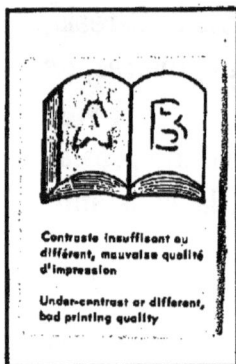

Contraste insuffisant ou différent, mauvaise qualité d'impression

Under-contrast or different, bad printing quality

www.ingramcontent.com/pod-product-compliance
Lightning Source LLC
Chambersburg PA
CBHW070831210326
41520CB00011B/2208